本书是国家社会科学基金（23BGL247）阶段性成果，获得南昌航空大学学术专著出版资助基金资助

跨域生态环境

多元共治机制解构与评价研究

郭建斌 ◎ 著

RESEARCH ON DECONSTRUCTION
AND EVALUATION OF MULTIPLE
CO-GOVERNMENT MECHANISM OF
CROSS-DOMAIN ECOLOGICAL ENVIRONMENT

经济管理出版社
ECONOMY & MANAGEMENT PUBLISHING HOUSE

图书在版编目（CIP）数据

跨域生态环境多元共治机制解构与评价研究/郭建斌著 .—北京：经济管理出版社，
2023.7

ISBN 978-7-5096-9162-5

Ⅰ.①跨…　Ⅱ.①郭…　Ⅲ.①生态环境—环境综合整治—研究—中国　Ⅳ.①X321.2

中国国家版本馆 CIP 数据核字（2023）第 141934 号

组稿编辑：杜　菲
责任编辑：杜　菲
责任印制：许　艳
责任校对：王淑卿

出版发行：经济管理出版社
　　　　　（北京市海淀区北蜂窝 8 号中雅大厦 A 座 11 层　100038）
网　　址：www. E-mp. com. cn
电　　话：(010) 51915602
印　　刷：唐山玺诚印务有限公司
经　　销：新华书店
开　　本：720mm×1000mm/16
印　　张：14. 75
字　　数：202 千字
版　　次：2023 年 10 月第 1 版　　2023 年 10 月第 1 次印刷
书　　号：ISBN 978-7-5096-9162-5
定　　价：88. 00 元

前　言

　　在西方语境下，政府受制于公民的选票约束，对高质量生态环境公共物品供给负有直接责任，公众参与生态环境保护治理决策的程度很深，形成了能够影响国家环境决策的强大力量，同时政府在使用相关法律条例、行业标准规定等行政手段以外，也利用财政、税收等经济手段干预企业的环境决策。从社会历史进程来看，西方国家率先实施工业化，环境矛盾最早爆发，因而在生态环境保护和治理方面的理论研究与制度实践开展较早，形成了环境协同治理、环境多中心治理等较为成熟的环境治理理论，并在跨地理域的方向和跨组织域的方向进行了较多的治理实践，积累了比较丰富的经验。我国步入工业化的进程较晚，改革开放以后，生产要素的体制性约束逐渐被打破，经济迎来了高速增长，同时资源也被大量消耗，污染物排放快速增加，环境矛盾逐渐激化。为避免重走西方国家曾经走过的治理弯路，以西方环境治理理论为经验参考，选择符合中国发展现实的环境治理制度成为我国生态环境治理的必然要求。

　　从治理历史进程来看，我国政府在环境治理领域主导着环境利益分配权，企业难以内生出履行环境社会责任的自我矫正力量，公众在很多时候被排除在环境治理的过程之外。环境资源要素在行政单元之间、组织机构之间的流通并不顺畅，环境利益冲突使各利益主体很难形成合力共治环境，当下存在的行政单元间高墙、组织机构间鸿沟与复杂社会下的环境治理发生了明显的逻辑错配。从治理价值导向维度来看，行政间高墙与组织间鸿沟分割了行政单元、组织机构的共同利益，造成整体利益的碎片化，行政单元和组织机构均以自己单个的利益诉求为目标，难以形成公共事务整体性安排。从治理利益主体维度来看，分割治理模式排斥其他利益主体参与，政府在供给环境公共物品方面承担了超负荷的任务和压力，由于信息成本因素，政府很难克服环境公共物品供给短缺的困难，垄断式治理可能陷入失灵境地。从公共权力运行维度来看，政府单一治理更多地追求纵向上的权力控制，缺乏横向间的互动与合作，难以有效应对跨域生态环境的危机挑战，治理成效难以达到期望结果。

进入新的历史阶段后，为打破生态环境治理中既定制度阻隔，党的十九大报告开创性地提出了打造共建共治共享的社会治理格局，明确表达了我国新阶段生态环境治理新方向——共治。党的十九届四中全会以后，国家发展和改革委员会联合自然资源部、生态环境部等部门提出了空气清新、水体洁净、土壤安全、生态良好、人居整洁的美丽中国建设环境维度目标。党的二十大报告指出要推进美丽中国建设，坚持山水林田湖草沙一体化保护和系统治理，更是把生态环境制度变革创新推向了新的高度。在这场宏阔的制度变革中，一个重要拷问是如何在环境治理新方向指引下选择适配的制度才能实现新目标，或者说能够实现新目标的机制（适配的制度）是如何发生的。面对政府、企业、社会公众等环境治理主体间多重利益交织的复杂情况，如何紧紧把握中国语境，来正确识别环境治理中政府、企业、公众之间的关系，如何对新阶段生态环境多元共治新理念进行合理的机制化表达和详细解构，显然成为当前我国生态环境治理理论与实践层面亟待解决的关键性问题，这也正是本书予以深入研究并试图较好解决的问题。

目　录

第一章　生态环境多元共治的相关概念及相关理论 ················· 001

一、相关概念界定 ················· 001

二、相关理论阐释 ················· 005

第二章　跨域生态环境多元共治的相关研究综述 ················· 015

一、跨域环境治理 ················· 015

二、环境多元治理 ················· 021

三、环境治理模型与机制 ················· 028

四、相关研究评述 ················· 033

第三章　新阶段我国环境治理机制：转型判定与研究设计 ················· 037

一、现行的单一治理机制分析 ················· 037

二、新阶段转向多元共治机制的判定 ················· 042

三、跨域生态环境多元共治机制的研究设计 ················· 048

四、本章小结 ················· 051

第四章　跨域生态环境多元共治之政府引导机制 ···················· 052

一、政府引导企业技术创新的理论支撑 ···················· 053

二、跨域背景下政府引导企业技术创新的机理分析 ·········· 056

三、政府引导企业技术创新的博弈分析 ···················· 061

四、本章小结 ·· 075

第五章　跨域生态环境多元共治之企业履责机制 ···················· 076

一、市场运行理论的扩展讨论 ···························· 077

二、跨域背景下市场运行中的企业履责机理分析 ············ 081

三、市场运行中的企业履责博弈分析 ······················ 095

四、本章小结 ·· 104

第六章　跨域生态环境多元共治之公众参与机制 ···················· 106

一、公众参与环境治理的理论基础 ························ 107

二、跨域背景下公众参与环境治理的机理分析 ·············· 113

三、公众—政府环境治理的演化博弈分析 ·················· 120

四、本章小结 ·· 129

第七章　跨域生态环境多元共治机制之评价与拓展 ·················· 131

一、评价分析 ·· 132

二、拓展讨论 ·· 145

三、本章小结 ·· 150

第八章　跨域生态环境多元共治机制之结论与启示 ⋯⋯⋯⋯⋯⋯ 152

　　一、研究结论 ⋯⋯⋯⋯⋯⋯⋯⋯⋯⋯⋯⋯⋯⋯⋯⋯⋯⋯ 153

　　二、政策启示 ⋯⋯⋯⋯⋯⋯⋯⋯⋯⋯⋯⋯⋯⋯⋯⋯⋯⋯ 156

　　三、研究展望 ⋯⋯⋯⋯⋯⋯⋯⋯⋯⋯⋯⋯⋯⋯⋯⋯⋯⋯ 165

附　　录 ⋯⋯⋯⋯⋯⋯⋯⋯⋯⋯⋯⋯⋯⋯⋯⋯⋯⋯⋯⋯⋯⋯ 167

参考文献 ⋯⋯⋯⋯⋯⋯⋯⋯⋯⋯⋯⋯⋯⋯⋯⋯⋯⋯⋯⋯⋯⋯ 205

后　　记 ⋯⋯⋯⋯⋯⋯⋯⋯⋯⋯⋯⋯⋯⋯⋯⋯⋯⋯⋯⋯⋯⋯ 226

第一章

生态环境多元共治的相关概念及相关理论

一、相关概念界定

（一）单一治理与元治理

20世纪后半叶，欧美国家依次经历了科层式治理、市场式治理和网络式治理三种理想型的单一形式社会治理模式，它们分别以国家、市场与公民社会为中心，在社会演变历程中发挥了非常重要的作用。科层式治理是一种单一治理模式，盛行于20世纪50年代至70年代，以政府统治社会为愿景，以直线型组织和集中控制为结构特征，以公共物品的极大满足为核心理念，坚持自上而下的价值偏好。它建立在官僚人权威、理性主义、实证主义的基础上,高度依赖行政主体的命令控制形式,是"法理型"① 统治模式的延续。市场式治理于20世纪80年代兴起,它以理性选择理论为背景,以价格、效率为标准,坚持自下而上的价值偏好,以政府向社会提供服务为愿景,以经济人效率最大化为目标。在科层式治理背景下,传统官僚制运作下的政府无力应对自身财政困境,公共物品供给难以满足公共需求。于是,市场式治理出现,直接促成了新公共管理运动的开端,社会治理由此取得重大进步。网络式治理在20世纪90年代开始流行,以社会建构理论和社会机构理论为理论背景,以互惠互利和共同创新为价值偏好,建立在信任和同情基础上。它将政府视为网络社会中的一个合作伙伴,将所有网络社会中的治理主体认定为政治人。

20世纪90年代后,社会治理呈现出科层式治理、市场式治理和网络式治理三种模式并存的鼎立景象,整个社会进入了三个"乌托邦"② 共存的世界。然而,全球化始终未停歇步伐,世界的交流互动日益频繁,社会关系亦是越发复杂、动态和多样化。由于三种理想型治理模式各自的局限性,单一治理模式逐渐难以应对越来越多社会治理方面的各种挑战,由此,理论界的一个及时准确的判断是:更好的社会治理必须是多种理想模式的协同。Davis和Rhodes(2014)的观点最具有代表性,他们指出,未来的社会治理将不再依赖某一种单一的模式,而是在不同模式触发冲突和

---

① 马克斯·韦伯在《经济与社会》一书中提到"魅力型"统治、"传统型"统治和"法理型"统治是合法性统治的三种类型,其中"法理型"统治是建立在理性基础上的,即规章与法令都合乎法理,站在法理之上的权威人士具有发布命令的权力。详见卡米克,菲利普·戈尔斯基,戴维·特鲁贝克,马克斯·韦伯:经济与社会:评论指针[M].上海:三联出版社,2014.

② *Shell Global Scenarios to 2050* 一文中提到世界是以国家为中心的"乌托邦"世界、以市场为中心的"乌托邦"世界和以公民社会为中心的"乌托邦"世界三者共存的世界。详见 Wang L. Meet Energy Challenges with the "Blueprints" Scenario—Highlights of "Shell Energy Scenarios to 2050"[J]. International Petroleum Economics,2008,8(2):23-37.

产生破坏时把它们组合起来。事实上，这种组合可能产生协同互补，但也可能产生对立冲突。

那么，如何探寻一种新的治理方式，使其既能促进三种模式间的协同，又能消除冲突？20世纪90年代末，元治理的出现完美地回答了这一问题。Jessop（1989）最早提出了元治理的概念，指出，元治理是治理条件的组织准备，是以理想型治理模式的明智组合来达到治理参与者认为的最好结果。此后，Sorensen（2006）、Meuleman（2009）等细化了元治理的定义，但从实质而言，仍是对 Jessop 关于元治理的理论思想的拓展性阐述。

由此可见，单一治理的表述主要是强调治理模式（包括单一的治理主体、治理结构等）单一化这一特征，而元治理的关注点在消解理想模式组合后相互可能产生的对立冲突和促进理想模式组合之后的协同互补两个方向，元治理可以看作是（单一）治理的治理（俞可平，2000）。

（二）多元治理与多元共治

从现有文献来看，学者们对"多元治理"基本内涵的理解并不统一，存在一些细节上的差异，但就最为根本的治理主体问题和治理手段问题基本达成了共识。一方面，多元治理的主体是多元的，不仅包括占据主导作用的政府，还包括作为政府作用补充的社会组织、市场组织、社会民众等；另一方面，多元治理的手段是复合的，如在公共物品供给方面，除政府通常采用的行政手段和市场手段外，还存在市场化组织采用的市场手段，及社会非营利组织采用的市场手段以及社会动员手段。从多元治理的内涵本质来看，政府作为唯一主导力量的行政管理体制的合理性基础被彻底打破，政府把部分公共物品供给的空间转向市场和社会，并得以从繁杂的事务中解脱出来，更好地发挥全局性统筹协调的作用；公民由政府行为的相对方转向为参与社会治理，公民与政府的关系转向为管理与被管理、服务与被服务、监督与被监督的多重关系；社会治理责任承担方式也由政府单方责任转向政府、市场、社会共同责任。

共治的思想由来已久，其实践遍布多个领域。多元共治在国家治理体系和治理能力现代化的背景下提出，且被赋予了更为丰富的内涵，它是一个多维的概念。一是治理主体多元，具体包括哪些主体，不同学者的理解并不同，其中，执政党、政府、人大、政协、司法机关、人民团体、社会组织、企业组织、大众媒体、民众等都被不同的学者纳入到了共治的主体中来，但诸多研究都将众多主体概括归纳为政府、市场、社会三大类。二是共治方式多元，不同主体间对话、协商、集体行动、竞争、合作等皆为共治的方式，其中公私合作是多元共治的主要方式，这种方式是对传统方式的极大突破。三是共治客体多元，如宏观方向的政治、经济、文化等治理，追求单一片面的经济治理，可能导致经济治理与政治、文化治理脱节，进而产生严重的社会问题，微观亦是如此，共治客体的多元强调了协同的重要性。四是共治结构多元，无论是国家、社会还是家庭，任何组织结构都需要治理，且治理因结构相异而不同。例如，纵向结构更注重系统治理，而横向结构则更注重组织与区域治理，且治理结构往往被认为能够反映多元治理的本质特征。

部分学者对多元治理和多元共治两个概念的认知比较笼统，甚至认为两个概念的内涵和外延完全重叠，实质上多元治理与多元共治是两个不同的概念。多元治理强调治理主体的多元化，而多元共治显示了更加宽泛的维度，不仅强调主体的多元化，而且强调方式、对象、结构的多元化。多元治理和多元共治所反映和聚焦的社会关系并不同，多元治理更多地关注同类治理主体之间或非同类治理主体之间的关系，如府际关系、政企关系、政社关系；多元共治除关注治理主体间的关系外，还关注国家公权力和民间私权利的关系、国家法律与民间规范的关系、自主治理与共同治理间的关系等。由此，多元共治是比多元治理内涵更为丰富、外延更为广阔的概念。多元共治概念的提出更加符合当前我国国家治理体系和治理能力现代化的时代要求。

二、相关理论阐释

（一）环境治理理论

20 世纪 60 年代，环境问题逐渐映入人们的眼帘并被重视起来，随后各种环境治理理论相继被提出并应用于实践。同时，关于环境污染与环境治理的讨论一直未停滞，其理论演进在不断地变迁。总体来看，演进的过程可以分为起步、兴起、发展和成熟四个阶段。在 20 世纪 60~80 年代的起步阶段，面对工业化导致的严重环境污染问题，各国纷纷通过召开会议和制定法律的途径进行应对，尤其是 1962 年 Rachel Carson 的《寂静的春天》一书出版，更是唤醒了人们对人与自然关系的新认知，环境问题的讨论逐步波及全球各个国家。虽然这个阶段人们已经认识到了环境问题的重要性，但关于环境治理的理论雏形还未形成，仅仅表现为各种环境治理方面的呼吁和尝试性的实践，然而正是这些呼吁和先行实践为后续的环境治理理论构建提供了动力和土壤。在 20 世纪 80~90 年代的兴起阶段，学者们对海洋、大气、土壤等特定领域的环境问题的现实案例进行反思并总结经验，将环境治理视为技术性的环境管理问题，并将环境问题以各领域为界限切割开来进行应用性研究，重点关注末端治理中的政府应对措施，主要是在政府环境职能和治理路径方面进行了初步的理论探索。在 20 世纪 90 年代的发展阶段，学者们已认识到环境问题并非是单一领域的问题，而是一个整体性和全局性的问题，不同系统、不同区域的环境问题相互影响，个案研究和末端治理都无法从根本上解决环境问题，必须加强跨地区乃至全球性的合作才能有效治理环境问题。其中尤以 Young（1990）和 Weale（1996）提出的环境问题扩散性最具影响，随即全球联合治理、可持续发展等理念被研究者们深入讨论，环境问题的治理研究已由点转面，由单一治理转防治结合，并整体转向可持续发展方向。在 2000 年以后的成熟阶段，环境问题的性质、治理模式等成为研究焦点，Ansell 和 Gash（2008）主张的协同治理理论、Folke（2005）坚持的社会生态系统适应性治理理论以及 Andersson 和 Ostrom（2008）表达的多中心治理理论成为现代环境治理理论的核心组成部分，并对环境治理理论的演进产生了强烈的推动作用。此后，合作治理（共治）理念的提出将环境治理进一步向前推动，使现阶段的研究转向了制度创新、机制创新的新局面。环境治理理论的创新演进过程如图 1-1 所示。

在环境治理理论演进中先后有环境国家干预主义理论、环境市场自由主义理论和环境社会中心主义理论三种具体理论被提出并用于实践，但因各国政治制度差异的原因，具体治理方式和实践效果并不完全相同。

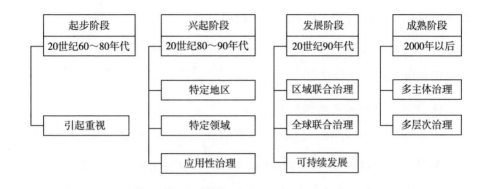

图 1-1 环境治理理论的创新演进过程

1. 环境国家干预主义理论

20 世纪 50 年代以后，随着工业化进程的加快，工业化国家生产与环境对立的矛盾日益加剧，甚至爆发了严重的生态危机，民众对环境的诉求急剧高涨，迫使政府履行环境职能。在此背景下，工业化国家政府出于环境诉求政治性的考虑，采取了直接干预生产过程的手段，通过立法、执法、司法和调整行政条例等方式以"命令—控制"形式强化具有威慑性的环境规制，以此来提高生产者的环境违法成本，并形成了环境国家干预主义理论。其政策工具主要有三种：一是改进环境标准，具体包括提高市场准入和退出标准、提高产品的绿色健康标准、提高生产的环境污染控制标准、提高生产的技术规范和工艺标准等；二是强化威慑性执法的力度，注重单向强制性执法，严格查处环境违法行为；三是提升环境法律责任，明确环境违法所承担的严重法律责任和具体担责方式，从法律意念上引导企业遵法守法。这种干预主义的治理理念带有浓重的行政命令色彩，是一种带有明显刚性的行政和执法机制，采用强制化手段，比较注重事后的矫正和制裁。由于环境的公共属性，命令控制型的治理方式极可能导致零和博弈的困局，使治理的社会成本剧增，同时以竞争为特征的市场激励机制在治理过程中很难发挥作用，公众在治理过程中几乎被排除在外，在环境维权时面临极大的信息壁垒。

2. 环境市场自由主义理论

20 世纪 70～80 年代，新制度经济学开始盛行，经济自由主义抬头。受此影响，发达国家的环境治理政策转为市场自由主义的进路方向，强调市场竞争机制调节的作用，认为企业的环境行为受到税收、价格等市场信号的强烈影响，主要通过经济手段的调整和激励，企业的生产行为自然会步入环境创新治理的新轨道。环境市场自由主义以庇古税和科斯定理为理论土壤，着力通过市场调节的途径解决企业生产的环境污染问题。其政策工具主要包括三种类型：一是环境税费制度，采用灵活可调整的税费方式来激励引导企业在生产决策时考虑环境清洁技术的创新和应用，从而达到减少污染排放的目的；二是价格引导机制，采用排污权交易的方式改变产品的实际生产成本，促使企业淘汰落后且污染排放大的生产工艺，从而利于提升社会整体的清洁生产水平；三是生产者责任制度，通过提前征收清洁生产保证金、鼓励金等，将环境保护责任成功延伸到企业具体的生产环节中，引导和激励企业保证生产源头的绿色清洁。环境市场自由主义采用经济激励的理念，注重竞争机制、价格机制、税费机制等的作用，具有过程规制的功能。但市场不是万能的，市场失灵的现象有可能发生，环境市场自由主义理论在市场失灵的境况下面临失效的极大可能。

3. 环境社会中心主义理论

20 世纪 80 年代以后，随着社会秩序理论研究的深入推进，奥斯特罗姆的多中心理论被完美地嫁接到环境治理领域中，形成了环境社会中心主义理论。这一理论阐释了公共领域中另一只"看不见的手"——公共事务自主组织与治理的运行逻辑，认为环境多中心治理具有自发性，是社会多中心秩序理论所涵盖的领域之一。环境社会中心主义实践的基础是政府与企业间具有良好的信任关系，能够以契约形式实现内在化、自觉化治理，并以增进多元互动和企业环保价值的培养来引导企业自我规制，有效规避政府与市场失灵，进而实现环境治理的公共理性。其政策工具主要表现为三个类别：一是信息披露制度，生产企业需要主动披露作业生产的相关环境信息，其环境污染和环境保护行为必须接受社会各界的监督；二是企业自愿协议，企业与政府之间取得了高度信任，达成高度的默契，自愿履行环保责任并自觉遵守相关法规；三是政企标准的对接，企业内部所采用的环境标识、网络、条约等能够主动融入由政府部门统一制定的环境治理体系，从而配合政府履行环境社会治理的义务。环境社会中心主义是当前环境治理理论发展的主流方向，但是各国社会组织发育的程度不一样，政治集权与分权的程度也不同，因而环境社会中心主义实践可能面临不同路径的选择。

（二）经济机制设计理论

依照 Hurwicz（2009）在《经济机制设计》一书中的阐述，经济机制设计理论主要表达了保证经济社会目标既定的条件，在个体理性、信息不完全、自由选择和分散决策等条件存在的环境中，设计一套行之有效的机制（制度安排），使得经济活动参与者与机制设计者的目标相一致。经济机制设计不同于博弈论的研究，它不研究参与主体博弈行为的过程，即在一定规则和环境下同时或先后从允许的策略中进行选择实施，并由此获得策略对应结果的过程（谢识予，1997）。它所关注和强调的是最优机制选择问题,它是传统一般均衡理论的深度改进和普遍推广,可以将其看作社会选择理论与博弈论综合的结果。

经济机制设计理论源于1920~1930年关于经济机制优劣选择的一场声势浩大的大辩论,以米塞斯、哈耶克等著名学者为代表的一方坚决认为社会主义经济理论存在致命缺陷,主要是因为社会主义维系经济运转的信息不可能得以保证,政府根本不可能获得所有的信息;而以兰格和勒纳为代表的一方则认为这根本不是问题的关键所在,只要社会主义计划经济中的企业实施了以边际成本定价的法则,同样能够实现资源有效配置。辩论双方都未能跳出传统经济分析的范式,认为经济机制是外生变量,在关于资本主义市场经济与社会主义计划经济谁更能实现资源有效配置的争论中,实际上主要是聚焦市场内部经济人或代理人的理性问题。

在此背景下,经济机制设计领域的先驱者 Hurwicz 于 1960 年发表了著名的《资源配置中的最优化与信息效率》论文,首次提出了机制设计理论,他专门构建了一个具有一般性特征的数学框架来分析集体决策下的执行问题。他认为经济主体所处的经济环境不是静止不变的,而是在不断地发生着变化,经济制度需要适应经济环境并随之发生改变,因而他推翻了普遍认为经济机制是外生变量的论断,而认为经济机制是内生的。他形象地将经济机制视作一个抽象化后的信息传递系统,所有参与经济活动的主体都能够在这个系统中传递或真实或不真实的信息,每个参与主体都试图尽量隐瞒自身信息从而达到谋取最大利益的同时实现最少支付的目的。经济主体将自身信息传递给某一个主体管控主导下的信息中心,信息中心按照事先预设的规则给每一条信息反馈出一个结果。他以市场机制作为分析对象,证明了经济主体只有通过足够多的信息沟通,才能达到资源有效配置的结果。

Hurwicz 持续致力于机制设计理论的研究，并于 1972 年提出了激励相容的概念，即经济主体在追求个人利益目标最大化的同时，也能实现社会利益目标最大化，个人利益目标与社会利益目标应保持一致。这一概念的提出深化了经济机制设计理论的研究，顺利解决了机制设计过程中经济活动参与者的共同激励问题，使得机制设计理论的基本分析框架得以确立。此后，《无须需求连续性的显示性偏好》（Hurwicz 和 Richter，1971）和《信息分散系统》（Hurwicz，1972）对机制设计理论在资源配置方面的研究做了进一步的阐释。1973 年，Hurwicz 证明了在信息成本最小的前提下，竞争的市场运行机制是能够确保实现资源帕累托有效配置的唯一机制，此后他出版了《资源分配的机制设计理论》一书，对其早先提出理论的基本思想进行了丰富，并严格界定了之前的理论框架，完整化后的理论框架使得机制设计理论在环境、公共教育、公共卫生等领域得以广泛应用。

在显示性偏好原理及应用方面，Maskin 对经济机制存在多重均衡可能对应不到最优结果的情况进行了深刻的研究。他认为以追求个人利益最大化的经济活动参与者在互动中保持了非合作博弈的状态，这种情况下机制选择的均衡结果往往是次优的，从而增加了参与者的风险。Maskin（1977）提出用执行理论来应对和解决这一问题，这一理论被称为马斯金对策，成为实现纳什均衡的充要条件，他在论文中进行了详细的论述，成为机制设计理论发展的里程碑。

依据显示性原理，Myerson（1979，1982，1986）拓展了激励相容的直接机制必然可以复制间接机制任何均衡结果的结论，证明了在确保机制处于多个阶段的环境下，显示原理保证了机制构成的良好子集总是可以在容量很大的可行集中被找到。Gibbard（1973）用数学公式的方式表达了显示性原理，他认为当每个参与者都采用占优策略，如果个人偏好没有得到任何约束和限制，则能够让所有参与者说真话的均衡机制是不存在的。与此同时，Groves 等（1973）证明了在拟线性偏好环境下当每个参与者都采用占优策略是可以实现能够让所有参与者说真话的机制。此外，Dasgupta（1979）、Harris 和 Townsend 等（1981）分别将其置于一般贝叶斯均衡环境中进行了研究，Myerson（1986）则在更广泛的环境中对显示性原则进行了应用，并将其首创性的成功应用到了拍卖理论和规制经济学中。但只有 Gibbard（1973）和 Satterthwaite（1975）运用显示性原理证明在经济环境是准线性函数条件下可以得到占优策略，认为在一般性环境中，达成预期选择的充分条件是主导策略机制的代理人处于独裁角色。

经济机制设计理论的发展在相关层面实现了一定的延伸，Laffont Marti-mort（2002）为公共经济学规制理论奠定了基础，他们认为经济互动中的组织效率不高主要是因为共谋行为使激励机制扭曲化所致，激励机制的设计应尽量防止串谋行为。McFadden（1974）在经济人选择理论研究中，用随机变量来表示每个类别经济人的基本效用，进而开创性地用有条件的 Logit 模型对经济人效用进行分析，同时他还用一般归巢式 Logit 模型对经济人的选择进行排序，以找出更优方案。

经济设计理论充分地显示了信息、激励、控制等经济活动决策中的关键因素，并清楚展现了经济参与主体在分散资源配置中并不是无策可寻的，而是可以找寻最优的决策来解决现实问题。它从根源上揭露了市场失灵的原因，成为人们在改进资源配置效率的重大经济活动决策中可寻求和可依赖的科学方法。经济机制设计理论从开创至今发展时间并不长，但是它却深深地渗入了社会经济生活的方方面面，并得到了极为广泛的应用。

（三）相关理论评述

1. 关于环境治理理论

从社会历史进程和相关理论发展过程来看，西方国家较早步入工业化进程，人与自然的紧张关系率先凸显。在实践过程中，西方国家在环境治理领域的理论研究起步较早，相关理论不断演化后趋于成熟。当前，来自西方的环境协同治理、环境多中心治理、环境社会中心主义等相关理论频频被用来解释和指导中国的环境治理实践，甚至对环境治理过程中相关利益主体间的关系识别也被套用西方语境下的结论，导致出现西方理论指导中国实践的水土不服现象。这主要是因为西方国家的环境治理理论是在西方语境下产生的，中国语境下的环境治理需要更多地消化和吸收西方的相关理论，而不是套用和复制。我国较长时期保持了政治集权与经济分权的治理格局，塑造了政府完全主导环境利益分配权、企业难以履行环境社会责任、公众被完全排除在环境治理过程外的现实语境。虽然西方环境治理理论不可在中国语境下照搬和复制，但如环境协同治理理论、环境多中心治理理论等可以为中国语境下环境多元共治理念的实践提供理论参考和部分理论支撑。因而本书主要汲取西方环境治理理论中的元治理和协同治理的思路，参考西方环境治理理论的有益经验来分析中国语境下跨域生态环境多元共治的相关问题。

2. 关于经济机制设计理论

经济机制设计理论经常被称为经济学研究的"终极"问题，主要是因为它关注的不是对既定制度的效率评价，而是强调能够实现既定目标的制度安排。经济机制设计理论可以看作是博弈论和社会选择理论的综合运用，假设人们的行为是按照博弈论所刻画的方式，并且按照社会选择理论对各种情形都设定一个社会目标，那么机制设计就是考虑构造什么样的博弈形式，使得这个博弈的解最接近那个社会目标。经济机制设计理论的这种研究思路对党的十九大提出的环境治理新理念实践具有重要的指导作用。本书依据经济机制设计理论的研究思路，能够较好地分析"政府为主导、企业为主体、社会组织和公众参与"新理念的机制化表达和机制解构过程，故经济机制设计理论成为本书研究的最重要理论依据。尤其是在对跨域生态环境多元共治机制进行拓展分析时，经济机制设计理论的激励相容和信息有效条件能够提供重要参照和必要依据。但需要指出的是，本书的研究是对我国环境治理新理念进行机制化表达和解构，而非纯粹的机制设计。因而，本书的研究不是直接套用经济机制设计理论的权威阐释，而是借鉴经济机制设计理论的研究思路来回应中国环境治理机制选择的具体问题。

第二章

跨域生态环境多元共治的相关研究综述

一、跨域环境治理

跨域治理理念是学术界对西方发达国家 20 世纪 70 年代能源危机以来政府改革和公民社会崛起所做的理论总结，它是对组织理论、公共选择理论、新区域主义以及新公共管理理论的整合创新。国内外关于跨域治理的学术研究中，学者们对"域"的理解和界定并不统一。国外文献中，与跨域治理相关的概念有区域治理、都会区治理、广域行政、整体政府、协同政府、跨部门协作、网络化治理、复合辖区、多中心治理等，以"Cross-border Governance"为题进行表述的文献居多；国内的多数文献则把跨域治理的基本内涵理解作为研究的逻辑起点，促成了地理域与组织域的认知分野。以李长晏（2004）等为代表的学者将跨域治理视为超越不同范围的行政区域，建立协调、合作的治理体制，以解决区内地方资源与建设不易协调或配合的问题。这种地理域视角下跨域治理的定义强调跨域治理要件，突出跨域治理中的地理域或界限，但未论及跨域治理兴起缘由、合作机制以及跨域治理的目的。以张成福等（2012）为代表的学者提出跨域治理是指"两个或两个以上的治理主体，包括政府（中央政府和地方政府）、企业、非政府组织和市民社会，基于对公共利益和公共价值的追求，共同参与和联合治理公共事务的过程"。这种组织域视角下跨域治理的界定强调了政府、市场、社会等多元主体之间互动谈判、协商合作并实现共同治理的内在关系，这种关系可能基于法律授权、地理毗邻、业务相似或者治理客体的特殊性，与地理（行政区）界线并无必然的关联。在这两种认知以外，丁煌和叶汉雄（2013）、马奔（2011）等认为，为应对跨区域、跨部门、跨领域的社会公共事务和公共问题，政府、私人部门、非营利组织、社会公众等治理主体需携手合作建立伙伴关系，综合运用法律规章、公共政策、行业规范、对话协商等治理工具，共同发挥治理作用的持续过程，他们试图建立一个融合地理域与组织域特征的整合域分析框架。以上这些方面的理解认知为跨域环境治理研究视角选择提供了根据。20世纪90年代后，跨域治理的思想被完美地嵌入到环境治理中，并形成了较为系统的理论、成熟的研究方法和多角度的研究视角。国外学者较早开展了跨域环境治理方面的研究，从研究的内在逻辑和顺承关系来梳理，显现出研究方向逐渐深化和研究领域不断拓展的特征。国内关于跨域环境治理的研究开展相对较晚，2000年以后开始有零散的研究，2006年以后相关文献逐渐丰富。总体来看，国内学者在该领域的研究尚处于初始的理论探讨和论证阶段，实证方面的文献并不多，多数文献是对西方相关理论的消化吸收，但同时也在共治等新方向进行了理论拓展，形成了适合解决中国问题的独特研究领域。

（一）属地化治理转向跨域治理的必要性和重要性研究

1. 行政区分割、组织间分割的现实与跨域环境治理的选择

行政区分割和组织间分割是跨域生态环境治理的最大障碍，郎友兴（2007）认为中国环境跨界污染得不到有效解决的重要原因在于长期存在的分割治理的行政体制，地方政府间需要按照平等性、介入性、协同性来建立合作机制，从而有效地应对跨域环境治理问题。毕军等（2009）指出必须破除行政化的地区分割，强调区域内各参与主体协调合作，以区域一体化建设为战略目标，极大地提升合作的层次和效益，进而提高区域环境治理的水平。Glasbergen（1995）认为在地区性的网络化环境管理中，跨域环境中公私各部门相互合作符合解决区域环境问题的要求。Shrestha 等（2018）认为应通过选择跨界合作方式积极干预土地和水资源的开发。詹国辉（2018）指出在跨域水环境治理实践中，跨域复杂性特征导致单一省份、单一部门主体治理能力的碎片化障碍，需以整体性治理理论诠释跨域水环境治理问题。王俊敏和沈菊琴（2016）认为传统的属地化治理难以解决流域污染问题，协同治理是跨域环境治理的必然选择。

2. 环境价值分配与跨域环境合作治理制度的改善

Rose（2018）提出若从价值分配方面考虑，由于跨域自然风险的存在，各主体之间存在较大的收益和成本方面的分歧，各方参与分担风险的能力不同，必须对体制机制进行优化才能解决共同治理问题。万翠英和陈晓永（2014）认为环境属于公共物品，政府单方面治理使得社会效益难以达到帕累托最优，而动态博弈和利他主义为跨域环境合作治理的实现提供了可能。May 等（1996）假定府际合作政策是地方政府加强环境治理的重

要策动力，并认定府际合作政策是增进可持续发展的有效手段。Stohr 等（2001）指出跨域环境治理中的发达地区和欠发达地区都可以在共同治理框架下相应地制定自己的发展政策，通过鼓励按创造发展效益、拒绝破坏环境的标准审查对内投资，控制相关技术的移植和输入，并以此来制定符合经济社会发展的财政政策。蒋辉（2012）认为经验性的制度研究具有非常重要的理论和现实意义，多元治理主体、二维治理网络、地方性制度资源和民间政治精英的嵌入、区域性公共论坛、多层次的制度结构及其变迁这五个方面集中体现了跨域环境治理方面制度设定的价值。李胜和卢俊（2018）认为跨域突发性环境治理的困境主要在于治理流程、责任和信息"碎片化"的特征，应从整体性治理的角度积极思考实施"全过程"治理。

（二）跨域环境合作治理的影响因素及治理难点

1. 跨域环境合作治理的影响因素

Lawrence（2005）分析了共享自然资源的辖区间官员的合作意愿，发现其是影响政策制定者制定严格管理制度的最重要因素。Erik（2007）研究发现，区域社会组织和多边组织通过网络化治理的过程，影响了中国环境治理意愿和行为的变化，柔性法律及不具约束力的约定在吸引中国参与环境治理方面更有效。Carter 和 Mol（2008）将影响环境治理变迁的因素归于政治变革、经济行为人决策、政府以外的社会组织及区域一体化进程四个方面。熊烨（2017）指出"河长制"制度的实施通过纵向机制的强化推动中国跨域河流治理从"弱治理"模式转向"权威依赖治理"模式，"纵—横"权力作用机制的互补性决定了中国跨域流域治理应该导向强纵向机制、强横向机制的"强治理"模式。郭渐强（2019）、郭渐强和杨露（2019）认为跨域治理的多元价值在实践中得到了显现，但也为地方政府提供了"避责港"，使跨域环境治理陷入了责任虚位、缺位和越位的多重困境。

2. 跨域环境合作治理的难点

允春喜和上官仕青（2015）认为跨域水环境问题单靠地方政府无法妥善解决，政府价值理念、资源和权力分配结构、政策制定和执行方面的碎片化特征是解决跨域环境治理问题的关键难点。Forsyth（2004）指出跨域合作型环境治理的关键是在满足各区域实际需求的基础上进行联合政策建构。杨小柳（2008）认为在改善环境治理设施和改进环境治理技术的同时，需要特别重视流域居民的环境主体意识。崔野（2019）指出跨域海洋环境问题的自然属性和社会属性都非常明显，对此问题的治理关键和重点应从府际协调方面着手，需深刻认识到统一认知、责任划分、共同行动等府际协调方面的深层次问题，以"盘活存量"作为应对思路，完善机构承载、制度保障和技术支撑方面的政策。

（三）跨域环境治理路径研究

1. 跨域环境治理的网络化路径

马晓明和易志斌（2009）指出网络治理模式的产生源于区域环境治理中各利益主体存在的复杂关系，传统以行政命令为特征的属地化治理解决不了跨域多元主体的利益纷争，且容易排除和忽略政府以外主体的地位和作用；Hileman 和 Lubell（2018）认为封闭和开放网络结构分别在本地和区域级别上更为普遍，并且跨级别的联系将整体结构传递到多级网络上，故地区间协调是跨区域环境治理的关键挑战。李瑞昌（2008）认为地方政府间的横向关系是存在于在跨域环境治理问题上的一段阻梗，由此提出应重构府际关系,加大地方政府在跨域环境治理中的责任,广泛授权并采用绩效管理,以大力促进跨域环境治理网络的形成,并将共同监管模式逐渐转为合作治理模式。Lee(2016)发现环境保护议题的有效推动,除政府部门与民间组织的协力关系外,还必须让协力网络动起来,其关键在于如何将环保议题落实到个人,形成认知的基础,从而形成集体行动的力量。Panikkar(2019)指出协作性的社会学习和参与网络可以成为一个有效的框架,启动本地化的公民跨国界学习和交流,是建立本地化的适应性治理框架的有力途径。

2. 跨域环境治理的多中心治理路径

Todhunter(2019)认为随着国家、次国家、区域和地方各级行政权力的共享,多层次的治理已经发展起来,环保主义者、非政府组织、土著、第一民族和部落民众等新的行动者已经将他们的声音带到治理谈判中,跨界环境治理需要蕴含多种治理结构和方法。Baltutis 和 Moore(2019)指出中心治理是一种能够解决跨界环境问题的框架,为跨界流域作为连接社会和生态系统的具有适应性和弹性的治理过程提供信息,因此有必要在治理过程中纳入一系列利益集团和行动者。樊一士和陆文聪(2001)认为区域环境治理应该借鉴企业化经营的模式,将环境资源视作国有资产,将环保类企业作为环境产权的承担主体,并依据国企改革的思路实施政府与企业分权。肖建华和邓集文(2007)认为市场治理模式或中央集权治理模式都已失效,跨域环境治理存在对多中心治理理论的制度需求,构建多中心治理模式需要弱化政府对环境的管制、构建公共参与治理的机制、推行地方合作治理环境、建立多主体的合作伙伴关系。欧阳帆(2011)认为中国在跨域环境治理方面亟须建立相应的治理机制,加强各主体间的沟通合作,在不断的沟通对话中减少信息成本,实现信息有效的目标,并将私营机构、社会组织及公民引入治理的过程中，充分考虑各主体的利益关系，以期达到治理的最大价值。崔晶（2019）发现纵向"中继者"组织机构与横向"中继者"组织机构的存在对央地政府、企业、社会组织、民众等跨域环境治理的参与主体极其重要，它在一定程度上决定了参与主体协作治理的程度。

3. 跨域环境治理的法律路径

Mushkat（2012）、Nurhidayah 等（2014）、Heilmann（2015）认为除非有改进的协议条款，法律框架不会有效地解决跨界雾霾污染，并建议不应过于依赖"软法"，应该采用更具约束力的法律文书。刘亚平（2006）认为中央政府在区域环境治理的过程中所实施的环境政策不灵活，地方政府受限于辖区界线的刚性约束，无法将相关利益人全部纳入决策范围内，央地两级政府的环境行为受既定政策限制程度较大，故提出鼓励民间自治和基层政府以契约形式联合治理两种方案。

二、环境多元治理

多元治理既是一个古老的命题，也是一个全新的命题。人类自从进入工业化社会以后，全球性、跨域性的生态环境污染问题随即而来，各个国家和地区在生态环境保护和治理的道路上都不可能独善其身，"共治"亦成为当今环境治理的主流思想和主张。国外学者于 20 世纪 90 年代后期开始较多地关注环境多元治理领域的问题，其研究的内容主要集中在环境治理主体变化、多主体合作必要性、多主体合作优势、多主体合作状态及社会资本相关问题等方面。国内学者在环境治理模式方面的研究呈现出明显的三阶段特征，整体上经历了单纯依靠政府到法治与市场结合再到探索多主体合作的过程。2000 年后逐渐有少量文献涉及这个方面的研究，2006年后此方面研究成果多了起来。

（一）单一治理转多元治理的作用与优势

1. 环境治理中的环境多主体作用认知

在环境治理的实践过程中，企业、社会公众等主体的作用逐渐得到了清晰的认知。Spence（2001）指出长期以来，人们对企业在环境治理中的作用认知并不全面，应当重新思考企业在环境保护治理中所扮演的角色和所起到的作用。朱锡平（2002）认为生态环境是准公共产品，在对其治理过程中，无论是市场还是政府最终都无法从根本上解决环境恶化的问题，只有正确认知政府、市场与社会的关系，真正释放社会力量，通过政府、市场和社会的多元主体共同合作治理，才能保证环境治理的政策趋于完善和成熟，也才能实现经济、社会与环境协调发展的最终目标。李勇（2007）准确识别出环境治理体系中的核心主体是政府、企业和民间环保组织。杨曼利（2006）指出自主治理制度的实施拓展了参与治理的主体范围，并依靠优化内在规则来提升环境治理成效。Savan 等（2004）认为政府在环境治理中应该知道如何去做，为了保证政府的行为正确性，公众必须对其进行监督。

在治理过程中，仅靠政府单一主体进行环境治理会存在诸多弊端，需要吸收企业、公众及环境组织共同参与治理。例如，朱留财（2005）提出了我国必须树立现代环境治理理念的重要倡议，须以多元主体合作治理环境为核心内容。黄栋和匡立余（2006）指出政府一元治理模式难以满足城市工作对良好生态环境的需求，必须深入考虑政府、企业、环保组织、公众等在环境治理中的利益关系，通过利益协商推进多元利益主体共同参与环境治理。

2. 环境多主体治理相对于单一治理的优势

随着经济发展与环境保护关系的进一步加深，与单一治理相比，多主体治理更具有成效。例如，Eckerberg 和 Joas（2004）认为多元主体参与治理环境会使得政府的社会责任进行分化并部分转移给其他参与主体，这既有利于社会责任的优化分配，也有利于政府效率的提升，多元治理是提升整个治理效率的重要途径。Parkins（2006）认为当前文化日益多元化，价值倾向趋于复杂，环境偏好有很大的差异，多元参与的环境治理选择恰好应对了当前的文化和价值观变化，有利于将多元价值整合到环境法律体系建设中。Forsyth（2006）指出在合作式的环境治理模式下，公众对技术合作的参与明显提升，随着参与方在治理中连续获益，公众对环境政策的接受度也会逐渐增强。Arentsen（2008）认为仅有政府参与解决环境问题可能存在政府失灵的问题，公众和私营部门被排除在治理行动外不利于环境治理的效率提升。Lockwood 等（2009）认为社区参与中央政府、地方政府的环境合作治理会产生多方面的收益。任志宏和赵细康（2006）认为多元参与的治理模式更为强调多个主体在治理中所形成的伙伴关系，它是利用契约的形式改变环境产品供给的方式，这种网络化的政策体系更加民主。Widmer 等（2019）认为通过加强机构间的相互关联和多层次合作可以很好地解决社会域生态发展不协调的问题。

（二）环境多元治理的成效与路径

1. 环境多元治理实践的约束与成效问题

环境多元治理同样面临着种种约束，如 Pennington（2008）认为多主体合作治理环境的一个重要前提是合作行为必须符合生态理性，合作治理需充分考虑社会与生态的复杂性、环境资源的公共性以及治理成果的共享性。Mashall（2008）指出政府在环境治理过程中存在失灵的情况促使政府选择社区参与到环境治理的事务中，政府虽然较大规模地采取了社区参与的治理方式，但对为何需要社区参与的缘由解释并不清楚。Brower 等（2010）认为多元合作治理不仅包含了中央集权的束缚和各种制度保障，还包含了国家和地方利益之间的有效制衡，但环境多元合作治理利于发展而非环境保护，合作的目标可能在治理过程中容易丢失。朱德米（2010）认为政府与企业在环境治理中形成合作关系面临三重约束，即信息不对称带来的交易成本过高、企业的环境成本与收益不确定、监管方成为被监管方的"俘虏"。Cisneros（2019）研究表明治理网络结构以不同的方式对政策变化作出反应，在限制非政府组织参加流域委员会的情况下，对外部资源有较高依赖性的网络无法作出调整，其中帮助网络适应政策变化的关键因素包括主体间的深度信任、资源的可用性、与外部网络互联的程度以及对合法性认知的程度。杜焱强等（2019）引入演化博弈分析框架来研究农村环境治理 PPP 模式多方共生所需的条件，发现共生需要以政府监管、降低守约成本和村民受益为前提；农民参与治理与政府奖励无关，它取决于参与治理的净收益。

环境多元治理的成效明显，如 Gunningham（2009）认为各主体间只有建立沟通机制、利益协调、统一认知后，才能达到比单一主体治理更有作用的成效。Vandenbergh 和 Metzger（2018）认为民航部门是气候环境变化的主要贡献者，而私人倡议可以激励民航公司在国家层面不受政府压力的情况下采取行动，产生跨越国界的跨越治理效果。Hamilton（2018）表明在所有行动者中，对程序公平的满意度在社会资本较大、在行政级别较高和工作人员人数较多的行动者中较高，与民间社会、政府和国际非政府组织相比，环境捐赠组织的程序公平程度更高。郑艺群（2015）认为风险社会、复杂性理论同环境危机之间存在关联性，而公共行政的后现代转向则与环境多元治理相契合，能促发环境多元治理模式的生成。

2. 环境多元治理的路径问题

环境多元治理实践路径问题在多元治理理念提出之初就受到研究者的特别关注，如 Newig 和 Fritsch（2009）指出环境治理的参与者通过不同途径和方式来影响环境治理的效果：一是参与者的环境偏好决定治理倾向的选择；二是面对面交流比双向交流能获取更大的信息输出从而提升环境治理的效果。张建政和曾光辉（2006）认为不断增长的人口将给生态环境带来越来越大的压力，环境治理一边要明晰环境产权、完善环境监督，一边要正确选择环境治理的路径，公众参与型的治理路径是我国环境治理的根本途径。肖建华和邓集文（2007）指出政府独揽责任或市场化运行都会使生态环境治理面临困境，必须建立多中心的合作治理结构，重建政府与企业的伙伴关系，重视公众参与治理，才能提高生态环境治理的成效。曾正滋（2009）认为传统的强制命令型的治理方式在面对不断加大的环境压力时已经明显乏力，强调政府与市场共治的合作治理方式是一种可取的治理路径。Örjan 等（2016）发现当环境进程跨越社会经济边界时，传统自上而下的治理方法很难有效地管理和保护生态系统，此时则需要多方协作的治理安排，而这种安排可以通过多整合多层次社会网络途径得以实现。田玉麒（2020）对跨域生态环境多元协同治理的可能性和可为性进行了研究，结果表明将协同治理嵌入跨域生态环境问题的解决过程具有必要性和可能性，为促成跨域生态环境协同治理，需要就理念、法律、组织和制度等的路径进行探索。Hensengerth 和 Lu（2018）认为在正规法律渠道之外的抗议是影响政策进程、要求公众参与和政府问责制的关键工具，这些有助于形成一种包含多级治理特征的新治理模式。

（三）环境多主体协同治理

Mattor（2013）发现利益主体的数量、社区角色、环境项目的发起人等都会对协作治理的效果产生重要影响，协作性比非协作性实现了更多的治理目标。朱香娥（2008）认为环境的公共属性决定了环境治理必须要政府、市场与公众共同协作，形成市场调节、公众参与和政府干预的治理体系。杨立华和张柳（2016）发现政府、企业、公众、专家学者、志愿者、非营利组织等都扮演了治理参与者的角色，其多元协同有效性、协同规模、协同网络、协同关系、合作关系性质等决定了协同的结果，但协同联结模式却与治理结果没有必然的关联。Koebele（2017）提出了一个经过良好测试的政策评估框架，来对环境协作治理的过程进行严格评估，并发现政策评估结果受到协作治理程度的影响。周伟（2018）认为生态环境保护与修复是一项复杂而艰巨的工程，涉及政府、市场和社会等多元利益主体，必须形成一个由政府主导，企业、公众和社会组织共同参与合作的多元主体协同治理格局。叶大凤和马云丽（2018）发现传统政府管控型的治理模式存在主体碎片化等问题，协同治理的过程拥有较大提升的空间，提升协同能力、构建政策网络系统、完善协同机制是应对当前问题的有效途径。黄德春等（2019）基于合作网络理论实证研究了澜沧江—湄公河流域的多元共治问题，结果表明各利益主体需要相互协调、积极合作，才能最大限度地减少公共资源的浪费，保护流域生态文明。曾珍香等（2019）选择复杂适应系统视角研究了供应链环境协同治理中内部主体之间以及内外部主体间的协同作用机理，指出虽然供应链整体利润随着制造商承担的减排成本增加而增加，但供应链单位产值排放量却随之呈现先下降后上升的趋势，这进一步验证了协同治理的效果。

（四）当前环境多元治理的难点问题及挑战

肖晓春（2007）认为在构建多元主体参与环境治理模式中，最关键的任务是从制度层面厘清政府与社会组织的边界。司林波等（2017）认为当前跨域生态环境协同治理最大的困境是共识未定和内聚力不足，以致责任分担难界定。García 等（2019）指出水环境治理不得不面对三个相互关联的挑战：一是水跨界特征通常不遵守人类定义的政治边界；二是这种人为划定的边界所产生的行政责任分散容易造成复杂的治理关系，往往成为水资源多方冲突的根源；三是多种水资源的用途交集可能难以协调，因为某些用途是相互排斥的。陶国根（2016）指出社会资本是实现生态环境多元协同治理的重要资源，但当前我国处于传统社会资本逐渐流失与现代社会资本尚未建立的复杂局面，这对多元主体共同参与生态环境治理构成了现实制约。Musavengane（2017）发现环境合作治理成功的关键在于参与者透明、互惠和有效的沟通，这些因素是建立强大社会资本的重要组成部分，在内外部行动者之间建立信任可使社区的凝聚力得到大幅提升，信任的存在确保了公众有效参与环境治理及其决策过程。梁甜甜（2018）认为政府和企业是环境治理的最主要主体，但政府控制主导与企业治理自主性缺乏的问题并存，需对其重新定位并探索新路径，以保证社会与经济利益的均衡。詹国彬和陈健鹏（2020）对环境多元共治模式的挑战与路径进行了研究，认为治理实践中的治理权分配、主体协调性、监管有效性、企业主体性等都需要调整优化，提升治理成效必须解决这几个方面的问题和挑战。

三、环境治理模型与机制

学术界关于多元共治的概念界定并不统一，但在多元共治解决公共问题的作用和多元共治构成要件等方面达成了一定共识。在此基础上，多元共治需要怎样的条件和如何运作才能达到最好的成效成为研究者持续追问的话题，也成为环境治理机制研究的焦点内容。研究者认为，回答这一问题的关键在于剖析环境多元共治的内部结构从而揭开"黑箱"，而对环境多元共治机制的研究则成为打开"黑箱"的钥匙。

（一）环境协同治理机制

1. 协同的过程分析与模型

Wood 和 Gray（1991）通过"前期—过程—结果"的线性框架分析了协同行动的过程机制，认为在协同治理的过程中需要经历前期阶段、过程阶段和产出阶段三个时期，而到达每个阶段的条件是不同的。Ring 和 Van de Ven（1994）对组织内的协作关系的发展进程进行了梳理，提出了一个与传统研究不同的特殊方案；认为协同行动并不是简单的线性过程，而是复杂的循环过程，组织间的协同行为就是"评估—协商—承诺—执行"这样一个循环过程。Thomson 和 Perry（2006）依据前人的研究从多个维度对协同过程进行了分析，进而构建了多维协同模型，他们从 5 个重要的维度对协同的过程进行了分解，并着力揭开这一过程"黑箱"的真实面貌；协同过程被分解为 5 个部分，分别为协同治理过程（治理维度）、协同行政过程（行政维度）、协调个人与集体利益过程（自治维度）、创设互利关系（关系维度）和构建社会资本规范过程（信任与互惠维度）。Thomson和 Perry 的研究在协同机制方面具有奠基作用，此后关于协同机理方面的成果大都是这 5 个维度的拓展性研究。例如，陶国根（2008）通过对社会管理中环境治理等相关问题的研究，构建了"动因—过程—结果"的协同模型；在该模型中，作者把确认治理目标、了解治理现状、分析治理差距等协同形成的因素列为协同治理的动因，把机会识别、责任分配、信息沟通及功能整合等协同治理运行因素列为协同治理的过程，把效果检验和信息反馈等协同治理末端的效果评价因素列为协同治理的结果。杨志军（2010）从宏微观两个维度对多中心协同治理模式进行了研究，认为宏观上应通过理念协同促进主体协同，且以法律制度与技术方法作为保障来强调外部环境的作用影响；微观上应重视决策、人事、财政、监督等要素，寻求组织内部各环节、各要素的协同合作。曹堂哲（2015）构建了基于政策循环和政策子系统的跨域治理协同分析模型，这一模型包含政策循环、政策子系统和跨域事务 3 个部分，其中政策循环包括政策评估、政策执行、公共决策、方案规划、议程设置；政策子系统包括行动主体、制度结构、政策工具；跨域事务包括自然系统、人工物、自然—人工物。Emerson等（2011）、Emerson 和 Gerlak（2015）的研究与前人的研究完全不同，作者创造性地构建了一个协同机制嵌套模型，即"系统环境—驱动程序—协同动态机制—行动—结果"。相比以前的分析框架，此模型关注不同组件以动态、非线性、迭代的方式运行；认为协同治理所处的系统环境会对协同机制的运行产生明显的影响，并用椭圆形象地描述了系统环境所包含的政治、经济、社会、法律及环境因素；指出驱动机制包括不确定性、相互依赖关系、激励机制、促进性领导等重要因素，这些因素对协同驱动机制的启动运行具有明显的促进作用。此模型最值得关注的部分是包含了有效参与、共同动机及联合行动能力的动态协同机制，这种动态协同机制具有渐进循环的特征，参与者容易形成共同目标，能够通过共享理念来引导协同行动，行动在产生协同治理结果的同时会使系统环境的适应性得到进一步的增强。

2. 协同的机制理论与实践

Bryson 等（2006）较早对多元协同机制设计问题进行了分析，着重从协同过程的维度进行考虑，构建了更加全面的分析协同治理的理论框架。该理论框架由 5 部分组成，分别为初始条件、过程、结构与治理、权变与约束条件和产出与问责。其中，初始条件包括了对环境元素的界定及对治理失灵和动因的探讨；过程包括协议、领导关系、信任的建立和冲突管理与设定规划；结构与治理包括参与主体和内部构成；权变与约束条件包括协同方式、权力分配与竞争逻辑；产出与问责包括协同的结果与协同的评价。作者指出此分析框架并未考虑协同主体内部要素的互动及非线性因素，对其设定主要是基于便于分析问题和强调简单性的考虑。Ansell 和 Gash（2008）将协同治理的理论与实践相结合，通过对相关理论的分析和对大量案例的考察，提出了著名的协同治理权变模型。该模型的表达为"初始条件—领导力—制度设计—产出"，其中初始条件主要包括治理失衡、主体参与动因、竞争与合作 3 个部分；领导力是协同活动的主要驱动因素；制度设计主要涉及协同治理的相关程序与基本准则；产出主要指相关政策选择。协同的过程包括对话沟通、信任关系建立、承诺协定、共享信息与中间产出 5 个部分。杨华锋（2014）选择多元主体协同治理的角度对协同治理参与者内部结构进行了较为详细的考察，并依据"产生来源—

表现形式—演化过程"的研究逻辑对协同治理的动力机制进行了深刻的分析，认为协同治理的动因分为内生型和外生型的来源，表现形态为心理驱动的是内生型来源，表现形态为利益驱动、命令驱动的是外生型来源，其演化过程遵循"理念—结构—制度"的基本逻辑。西宝等（2016）基于"价值—结构—过程—关系"角度提出技术协同治理框架与机制，以此来解释参与协同治理的主体间如何调整治理技术形式，并分析多元主体参与治理网络的角色关系；认为科技人员、科协、政府、企业、高校、金融部门、中介等社会组织及公众、国外部门 8 个主体应该被包含在技术协同治理的框架之内，问责机制、参与机制、评价机制、交流机制以及共享机制共同组成技术协同治理机制，且此分析框架和机制也可应用于生态环境协同治理领域。袁红和李佳（2019）以广义环境下的网络谣言为研究对象，依据系统理论、社会冲突理论和协同治理理论，构建了网络谣言协同治理机制，其中，政府、社会组织、民众为参与主体，追求公共利益、政令推动、民主执政发展融合为动力，强调协调沟通、责任追究、网络监督为协同评价。郁建兴和任泽涛（2012）选择政府治理能力和社会发育程度两个维度，从政府与社会关系的角度构建了协同治理的分析框架，认为政府主体只有通过建设制度化的沟通参与平台，才能引导其他参与主体达到"充满活力、和谐有序"的治理目标，形成"政府主导、社会协同、共享共建"的社会治理格局。

（二）环境多元共治机制

1. 多元共治机制相关理论

戴胜利和云泽宇（2017）分析了跨域治理的概念与理论渊源、治理主体与形式、治理模式与机制，深入研究了各类跨域治理形式的特征与内在逻辑，并结合太湖治理历程与现代治理模式，探讨了跨域治理的新模型——跨域水环境污染协力网络治理模型。Kinna 等（2017）对湄公河流域的环境治理机制进行了研究，结果表明多方签订的协定、公约、声明促进了湄公河流域实现可持续发展的目标，合作委员会作为环境多元协同治理的一个步骤起到了重要作用，相互协议的价值应该被肯定。沈洪涛和黄楠（2018）从经济学的视角分析了政府、企业、公众共同参与环境治理的学理基础，提出了从环境信息透明度、绿色供应链管理、创新三个方面构建环境共治机制，以形成三方协同、多元共治的现代环境治理体系。Luehrs 等（2018）对公众参与改善公共环境决策和管理过程进行了研究，并对 Vroom-Jago 规范决策模型是否有利于环境治理的参与性机制进行了实证检验，结果表明 Vroom-Jago 模型的建议差异有限，其对公共环境治理的适用性有限，在大多数研究案例中，公共环境管理者采用的参与水平接近于模型所建议的水平，公共环境管理受益于精心选择的和环境敏感的参与模式。Walters 等（2019）以皮尔科马约河流域为研究对象，将内容分析与边界对象、系统思维的理论框架相结合，从社会生态背景下的视觉边界对象中提取心理模型，深入了解利益相关者、组织和决策机构的集体心理；认为这些模型与流域不同地区不同规模的社会经济、文化、政治、生物、物理驱动因素之间的优先级、脆弱性和适应策略相关。

2. 多元共治机制相关实践

易承志（2019）对政府回应城市居民环境诉求的机制进行了分析，认为在城市化不断推进的复杂背景下要有效回应城市居民的环境诉求，需要建立健全整体性的政府回应机制，以避免政府分散型和碎片化回应机制的缺失。张峰（2020）针对环境污染社会第三方治理面临的宏观权力结构性失衡、中观机制整体性失调、微观行为系统性失范等瓶颈，从优化我国环境污染社会第三方治理的结构性均衡机制、整体性实施机制和系统性规范机制等方面提出了对策。朱德米（2020）对中国当前水环境治理机制进行分析，重点从体制、机制和技术三个层面的匹配程度对河（湖）长制进行了系统研究，结果表明河（湖）长制在实践运行中体制、机制与技术三者匹配程度较低，导致治理效能不高及治理效果难以持续等问题，建议以河（湖）长制为平台，将体制、机制与技术进行连接与匹配，以实现河流湖泊的长效治理。

四、相关研究评述

在跨域环境治理方面，国外学者的研究主要聚焦于三个方向：一是探寻什么因素能够有效促使跨域环境合作治理，其中环境认知共识、共担环境风险、相同政治意愿等被认为是跨域环境合作治理的驱动因素；二是广泛比较国家间和城市间的环境治理模式，并从中梳理出共性的治理理念，其中北美、欧盟、东盟、东亚等地区或组织成为研究的焦点；三是从双边合作或多边合作的实践中总结跨域环境治理的经验，其中多数文献集中于对欧洲国家和北美国家进行研究。尽管国外关于跨域环境治理研究积累了丰富的文献，但依然存在研究比较薄弱的领域：一是特有语境下跨域环境治理方面具有普遍意义的理论分析框架仍没有完全建立起来，大部分的跨域环境治理的研究都聚焦于从治理实践、合作模式、组织运作等分析获取经验，再通过各种方式来检验跨域治理的有效性，并未经过系统的理论论证。二是相关理论与现实实践紧密性不足，甚至理论指导实践可能表现出偏误，多数研究倾向于从整体社会政治制度方面描述治理障碍，而对区域内部的组织结构关注较少，且很多经验都是从北美或欧洲地区跨域治理成效的评估分析而来，社会政治环境的巨大差异导致了这样的经验可能并不具有广泛的指导作用。因此，一些学术方面的观点有可能不能真正解释跨域环境治理的真实状态。国内的研究主要以理论分析为主，对策建议类的规范性研究文献多，案例调查、深度实证的文献数量较少，系统化、长期、连续的研究甚少，同时存在诸多研究比较薄弱的地方：一是对当前跨域环境治理模式现状描述还不清晰，跨域治理失效的根本成因分析不深入；二是对跨域环境治理对策所涉及的问题根源挖掘过于肤浅，对问题与对策之间的关系分析不透彻；三是对影响跨域环境治理政府力量以外的因素分析不全面；四是对相关机制研究仅限于规范性论述，缺乏理论证实。

在环境多元治理方面，国外学者的研究受到西方协同理论和多中心理论的影响，在研究的初期就倾向于多主体、多层次的研究，而且有较为成熟的西方治理理论作为思想根脉，很快在协同理论和多中心理论的基础上形成了比较完备的理论体系。值得关注的是，国外学者的相关研究大多会结合具体的实例进行分析，起先以理论作为支撑解析现实案例，同时从实例中发现问题，经过归纳提炼后进一步充实和完善原有理论，形成了连续性的研究过程。虽然有共同渊源的环境治理理论对治理实践进行指导，但西方国家环境治理并未形成统一的模式。从最新的文献来看，当前国外学者对多元参与治理环境的研究已逐渐转向对多元治理过程中整个社会资本创造、积累及作用的研究，这一转向将环境多元治理研究引入了深层次，有可能成为今后研究的主流方向。通过对国内已有文献的梳理可以看到，多元主体参与的环境治理研究经历了由问题表达到机理探索的过程。2010

年以前的多数文献集中于环境治理参与主体识别、多元协同治理理念表达、多元治理路径选择、多元治理模式比较等基本理论的讨论；此后的研究逐渐涉及多元主体参与环境治理的有效性评估、多主体治理的演化博弈、多元协同网络构建、多元主体关系均衡、环境多元共治的机制、多元治理中社会资本形成与作用等较为深入的主题，尤其是对多元主体参与治理的机理进行了一定探索，但研究结论却不尽统一。目前达成的共识是多元协同治理是生态环境治理发展演变的必然趋势，也是推进生态环境治理现代化的必由之路。由于各学者研究角度不同和所依据的理论差异，其对多元共治的逻辑过程有不同的表述，且并未形成统一的分析框架。关于共治机制也仅限于规范性的探讨，环境多元共治机制设定方面的研究较少，环境共治机制设计中信息有效和激励相容的问题依然未能得到深入的讨论。

在环境治理机制研究方面，国外学者单独对环境协同治理模型与机制这一主题的研究文献并不多，更多的是将协同机制的研究结果嵌入环境治理中来分析，这种嵌入式的分析依然具有比较深刻的理论价值。从既有文献来看，关于协同治理模型机制的研究并非只是强调具体某个研究领域的实际问题，更重要的是它强调了研究方法的创新和理论分析框架的改进和完善。对协同治理模型机制的研究，也伴随着研究者对参与治理主体间关系的认知演化。从一开始将各主体关系设定为简单线性关系到逐渐更改设定为复杂非线性关系；从利益视角进行演化博弈的分析到从社会资本视角进行个体、群体间关系的分析；从主导式协同治理模式到合作式协同治理模式再到混合式协同治理模式，无不体现了研究者对协同治理机制认知的一步步深化。然而，国外研究者关于环境协同治理机制对不同社会制度下环境协同治理的选择和过程是否具有普遍性特征，却鲜有经验性的研究。

以国内的研究文献来看，环境多元治理模型和机制的研究在理论和实践层面受到双重关注，尤其是"推进国家治理体系和治理能力现代化"的时代命题提出之后，改进治理模式、强化部门协同、增进政社协同等主题成为当代中国公共管理的重要议题，环境多元共治机制研究自然也被隐含其中。国内的研究者在引介、接纳国外环境治理理论观点的同时，着力探讨环境多元共治在中国实践中的重要价值和普遍意义，但在构建具有一般性理论意义分析框架方面的研究薄弱。部分研究还涉及了跨域水污染治理、大气污染联防联控的机理探讨，但讨论并不深刻，涉及生态环境治理机制理论方面的研究有较大的拓展空间。

从总体的研究情况来看，国内外的研究者分别在跨域环境治理和环境协同治理两个方面做了大量的研究，但将跨域和协同融合上升为环境多元共治的理论和实践方面研究不多，多元共治作为新阶段实现国家治理水平和治理能力现代化的核心路径，使得跨域生态环境多元共治研究紧急而迫切；在环境治理机制的研究中，研究者从管理学、政治学、社会学等方向分析得较多，对环境治理机制的经济学含义分析较少，尤其对机理过程研究渗入的经济学思考较少，而这恰恰是当前中国经济发展与环境保护关系讨论特别需要关注的地方；中西方国家政治体制不同，决策者考虑阶段性环境治理问题视角也不同，以西方国家环境治理作为研究对象总结而来的跨域环境治理分析范式并不适用于中国，因而必须构建符合中国语境的一般性分析框架来回应生态环境多元共治问题。

第三章

新阶段我国环境治理机制：
转型判定与研究设计

一、现行的单一治理机制分析

　　由于政治体制的决定性影响作用，我国的社会治理长期处于单一治理的环境中，在生态环境治理方面也长时间保持了科层式的治理模式。2000年以后，我国逐渐对生态环境治理机制进行了创新，相继设计了生态补偿、河（湖）长制、环境联防联控联治等生态环境治理机制，在很大程度上扭转了环境污染严重化的势头，对我国生态环境保护起到了非常关键的作用。但这些机制的设计大都是迫于尖锐的短期环境矛盾而产生，并多是从政府的视角进行事后考量，当下建设"美丽中国"的中长期目标要求已经不允许生态环境保护再做过多的事后补救，而是需要最大可能地激活所有参与主体的动力和意愿，控制和防范生态环境恶化的风险。因而，必须创新环境治理机制来确保环境目标的实现。

（一）生态补偿机制

生态补偿机制是指以生态环境保护、人与自然和谐发展为目的，通过对生态价值、机会成本、保护成本的分析评估为依据，引入政府与市场等手段恢复生态、保护环境、协调环境利益关系的制度安排（王金南，2006）。生态补偿的主要内容包括对生态系统破坏、恢复、保护所付出的成本补偿，对因保护生态系统和环境从而放弃发展机会的损失和成本补偿，对具有重大生态价值对象的保护投入补偿，对环境外部性问题内部化的成本补偿（郑云辰等，2019）。从补偿的主体和类型来看，政府是最主要的补偿主体，企业补偿仅作为政府补偿的辅助形式，且需要政府大力地刺激性引导，政府主要依靠财政转移来完成补偿过程（薛菁，2021）。

虽然补偿机制在环境保护和治理的过程中发挥了积极的作用，但目前的生态补偿机制仍不能满足我国环境保护与治理的时代要求（欧阳志云等，2013），由于补偿矛盾未能根本性地解决，生态破坏（2014年、2019年腾格里沙漠污染事件等）和生态服务功能退化（2021年敦煌毁坏大面积防护林种葡萄事件等）的严重势态依然未能得到彻底的遏制，参与生态补偿主体间的利益关系仍没有得到有效的协调和平衡。另外，生态扶贫、资源补偿、生态赔偿、生态工程等事项与生态补偿混淆引起了生态补偿内涵的泛化现象，使得生态补偿机制设计往往阻力重重，甚至陷入困境（李利华，2020；李霜等，2020；陈进和尹匹杰，2021）。

依据郑湘萍和何炎龙（2020）的研究，当前生态补偿根本性的问题主要表现为两个方面：一是生态补偿缺乏系统性的制度设计，尚没有统一的法律准则，地方间的补偿主要取决于决策者的政治意愿和地方政府财政预算，补偿的系统性和可持续性不强，同时多部门（环保、水利、农业、林业、发改委、财政、扶贫等部门）共同开展补偿，决策的难度很大；二是生态补偿多数是以政府单方决策主导，生态环境保护的利益参与者不全，利益主体参与的协商决策机制很难建立。

以此来看，生态补偿机制实践的本质困境在于既定生态环境利益格局调整的成本几乎完全由政府承担，在行政力量的强烈干预下，局部区域的补偿可能会有明显的成效，但对更大范围和更复杂领域的补偿而言，生态利益补偿的矛盾会更为激烈，政府干预的成本陡增，可能难以起到预期的效果。例如，王前进等认为将政府主导转化为市场主导是生态补偿机制顺利实践的正确思路，其实质是将生态补偿的主体由单一的政府拓宽为政府与企业共同主导，但一个问题是利益相关的公众（尤其是相关农民、牧民）依然未能参与进入生态补偿的制度设计中，因而补偿的主体矛盾仍未能彻底解决，实现所有利益主体共同主导的理想情况可能也难以实现。

（二）河（湖）长机制

河（湖）长制是我国生态环境治理领域内比较特殊的制度安排，它由各级党政机构领导直接作为责任人来保护和治理河流湖泊水环境，并将保护和治理的成效纳入政绩考核的内容中。这种制度安排由 2007 年中国江苏省无锡市首创，然后推广到了全国，并在一些地方取得了突出明显的成效，河（湖）长制的主要内容包括 6 个方面（李轶，2017），分别是保护水资源、管理保护河湖水域岸线、防治水污染、治理水环境、修复水生态和监管水环境执法，这些方面的内容构成了河（湖）长制的基本实施框架，并引导推动这一独特环境治理机制的实践。

从制度设计的初衷来看，河（湖）长制应是以环境协同治理为核心理念，保证能够在制度设计上为协同治理水环境提供基础性的平台，以达到改善"九龙治水"的目的（刘鸿志等，2016）。但是在多层协同的过程中，本位主义与协同思想的矛盾、治水部门间的利益矛盾、分散配置与决策一致的矛盾、部门绩效与协同产出的矛盾等问题难以避免和克服，致使河（湖）长制实质上难以真正实现协同治理的理念（颜海娜和曾栋，2019）。

以此来看，水环境的治理不是一场迅疾而逝的"外科手术"，而是需要长期性、协作性的"长治"和"共治"。水资源具有跨域流动的特征，则意味着水环境是公共物品，如果政府用高压行政的手段进行治理，必然使得公共资源的分配产生一定的偏向性；同时在环境政策的制定与执行过程中责任官员的注意力也是有限的，很难长时间保持"高度的注意力"，则势必存在"注意力分配瓶颈"；再则水环境的保护和治理是一个必须长期坚持的系统工程，只有相关利益主体都能够参与，才有可能实现"长治"和"共治"的预期目标。

（三）环境联防联控联治机制

水污染、大气污染等环境污染形态存在明显的流动性特征，导致以行政区域为边界的传统治理手段成效甚微，这种污染的空间特征决定了污染治理必须实施联防联控联治的政策（王金南等，2012）。早在2010年，国务院办公厅发布了《关于推进大气污染联防联控工作改善区域空气质量的指导意见》，并提出了区域生态环境联防联控"五个统一"指导思想，对推动建立我国生态环境联防联控的制度设定起到了非常重要的指引作用。联防联控机制的设计和实践旨在使平行地位的行政机构之间能够共享信息、共筑平台、共治环境，进而破除和改善各行政机构在环境治理过程中各自为政的不利局面。

从实践的角度来看，联防联控治理不得不面对重重现实困境（陈诗一等，2018）。实践当中，生态环境作为一种特殊的公共物品，其治理需要不同地方政府之间高度协同，但在一些已建立联防联控机制的区域，却无法避免一些主客观因素对实践结果的影响，打破了补偿和受偿的利益平衡，弱化了协同治理的效果；虽然环境实时信息对于联防联控治理环境具有至关重要的作用，但信息共享平台的构建往往面临激励不足的窘境，信息共享机制的缺失可能会直接导致治理与协同的脱节，使联防联控机制的实践陷入失效的境地；联防联控的顶层设计也往往在实践中处于缺失的状态，责任主体并不明确，缺乏常态化的责任机构，机制实践中虽有地方政府牵头的条令，但并不具备行政管理权，容易造成地方保护主义的非期望结果（燕丽等，2016）。

从以上对现有生态环境治理机制的分析来看，当前环境治理机制的共性表现在两个方面：一是现行机制都难逃单一治理模式下科层式治理的窠臼，治理主体都是政府，尽管党的十八大以后国家提出了协同治理的理念，但理论与实践中受关注最多的依然是府际间的协同，这仍未突破科层式治理的范畴，其结果必然是政府难以卸下沉重的治理成本包袱；二是环境利益主体之间的关系是割裂的，政府与企业、企业与社会公众、社会公众与政府，这三层关系并未在治理机制中得以明确的表达，企业的经济利益追求与社会公众的环境利益诉求并没有在现有机制中得以体现，机制设计和实践过程多是政府在一手包办，环境治理的主体始终未能发生转换和位移。显然，当下的制度设计未能很好地契合新阶段我国提出的"以政府为主导、以企业为主体、社会组织和公众共同参与"的环境治理新理念。

二、新阶段转向多元共治机制的判定

（一）我国生态环境治理的必然选择

党的十九大提出的"生态环境多元共治"是基于治理理论的环境治理新理念，其实质是对政府、企业、社会公众进行深层次的统合，并以此构建多主体参与、负责、共享的生态环境治理新格局，它更强调治理主体的多元特征和协同特征。生态环境多元共治理念的提出为解决日益复杂化的环境治理问题提供了新的方向。从历史演进的角度来看，构建生态环境多元共治机制既是我国新阶段应对长期性、全局性、复杂性生态环境问题的客观反映，也是克服单一治理弊端进而推进和实现生态环境治理现代化的必然要求。

在特定的体制环境下，我国长期保持了以政府为主导的单一化管制型环境治理方式，主要是采用带有刚性特征的行政命令手段（包括政治、经济、法律路径）对环境主体行为进行严格规制。这种单一化、强制化的干预对环境污染末端治理较为有效，但对更倾向于环境风险防控的治理新理念而言，"政府权威治理"的方式不但加重了政府治理的成本，而且制约了企业、公众参与环境治理的能动性。在此背景下，政府加强与企业、公众等多元主体的合作治理便成为一种现实选择。

生态环境资源作为公共物品具有公共性、外部性和整体性特征，公共性特征意味着所有社会主体都置身环境而存在，都秉承保护和治理环境的责任，因而生态环境治理需要不同社会主体的认同和参与；外部性导致了市场机制调节失效，需要多元共治的制度设计来促使不同治理主体沟通、协调、互动，并在环境政策实施过程中互相配合、协同推进，促使外部性内部化；整体性决定了生态环境不能人为划分份额和独立占有，环境保护和治理必须按照自然生态的整体性、系统性及其内在规律要求，进行整体保护、系统修复和综合治理。由此，环境多元共治必然成为环境外部性内部化处理的最佳选择。

（二）环境多元共治机制的解构依据

既然生态多元共治是新阶段我国生态环境治理的必然选择，那么这种先进的理念如何进行机制化表达和解构？国内的一些研究者在研究我国环境治理互动机制时将环境主体间关系作为机制解构的依据和研究基点（金培振，2015），这一思路得到了较多学者的认同，但却未深刻考量中国语境，而是对西方语境下的结论进行了套用。本书认同将环境主体间关系作为环境治理机制解构的依据，但需要对中国语境下环境主体间关系进行重新识别，以确保对环境共治机制解构的合理性和准确性。

1. 环境治理中的政府与企业关系识别

众多学者对政府与企业的关系进行了大量的研究，但大多数在讨论政企合谋的类型和政企合作类型，其他类型考虑得相对较少。聂辉华（2020）从政府是否干预企业和如何干预企业两个维度创建了一个动态的政企关系分析框架，对政企关系的类型进行了详细的分类比较，认为政企关系存在四种类型，分别为政企合作、政企分治、政企伤害和政企合谋。政企合作表示企业的经济行为在合规合法的界限内会受到政府的深度干预，主要包括公私合营、产业政策扶持、公共政策支持。政企分治表示政府与企业各自遵守法律法规，但企业的各种经济活动几乎不受政府的干预，政府"无为而治"，主要扮演了为西方古典经济中的守夜人角色。政企伤害表示企业的经济活动不受政府的干预，但政府或者企业可能突破法律法规而侵害对方的利益，一般情况下政府的谈判力更强，因而政府伤害企业的概率更大（赫尔曼和王新颖，2002）。政企合谋表示企业的经济行为在突破法律法规界限外受到政府的深度干预，双方存在利益交换，企业可能俘获政府，政府也可能向企业寻租。这一结论在政企关系研究中具有标志性的意义，它为我们提供了一个考察真实世界政企关系的可识别和可操作的有用分析工具。

环境治理中的政企关系是一般意义政企关系的特例，而且这一关系随着经济发展和环境恶化在不断地变迁。当经济发展水平较低、环境质量良好时，政企关系可能更多落入为政企分治的象限中，而当经济发展与环境保护矛盾严重对立时，政企关系极有可能落入共谋的象限中。依据当前中国的语境，高压反腐和强力整治已成为常态，环境治理中政府对企业的干预表现出积极的态势，政府往往最大限度地利用产业政策（引导基金、税收优惠、财政补贴等）对企业进行一系列的引导性干预和矫正，可见政企关系落入互利协作为特征的象限的概率很大。由此，本书将环境治理中政企关系识别为互利与协作关系，但这并不意味着任何时候政企关系都表现为此种形态，在一些特殊的时刻，政企关系也可能落入隐性合谋的象限，这主要与监管力量的强弱有关。需要说明的是本书的研究更关注当前时期中国语境下的政企关系表达，需要与当前我国最新的环境治理理念保持同步和一致。

2. 环境治理中的企业与公众关系识别

长期以来，企业被认为是在生产经营社会所需商品服务过程中以营利为目的的最重要市场主体，因而关于企业社会责任真伪命题的判定未有严格定论。弗里德曼认为企业有且仅有的社会责任就是努力赚取利润，这种论断被用来解释企业在生产经营中为谋取更多利润罔顾道德和消费者权益、生产假冒伪劣甚至威胁消费者健康的产品以次充好，导致消费者（社会组织与公众）的权益和企业利润动机间产生严重冲突的原因（Handlin，1962）。但 Drucker（1985）并不赞成这样的观点，他认为企业具有社会与人本双重属性的特征，仅仅注重利润的企业行为是"营销近视症"，他对弗里德曼的观点提出批判，且认为所谓的利润动机只不过是为解释静态均衡外的现实而刻意创造的无用概念而已。后续的一些研究者对此进行了梳理和反思，并依据已有的研究成果构建了社会责任检验模型，证明了企业社会责任是有价值的真命题（肖红军等，2015）。

将企业社会责任置于环境治理当中考虑，会存在短期与长期两种截然不同的结果。短期内企业为扩大再生产，注重追求短期利润，在生产经营过程中将环境负外部性转嫁给社会公众，影响社会公众所享有的社会福利水平，公众会强烈要求对引发严重污染的生产规划项目进行环境评估从而保证自身的环境利益诉求，并在影响政府环境决策过程中发挥重要的作用，来自社会公众的压力最终迫使企业通过绿色生产技术改进来达到环境保护标准，迎合了社会公众对环境的需求。与此同时，绿色生产技术的改进也使得作为消费者的社会公众提升了对绿色环保产品的关注度、美誉度和效用水平，并可能有效巩固消费者对产品的忠诚度，使得消费者规模得以进一步扩张，从而在长期内形成企业与社会公众之间的健康、协调的共生关系。

3. 环境治理中的公众与政府关系识别

在我国当下，治理理论被认为是阐释政府、企业、社会结构变化和互动关系的重要工具，也适用于研究社会公众与政府的关系，一些学者提出了社会公众与政府间可以相互支持、相互受益，克服和规避相互不信任和相互对抗，进而实现良性互动；也有一些学者提出"行政吸纳社会"、"社会中间层"等本土化的理论，并形成了一定的影响（王彤，2020）。但这些新的理论仍未脱离市民社会、法团主义的静态结构特征，在一定程度上忽略了制度环境中组织的主动性特征，即社会组织和公众与政府的互动是一个充斥着妥协与碰撞的变化过程。当前，政府在环境利益分配领域的权力松动和权力共享创造了一个社会公众与政府互动的良好环境，因而两者的关系必然需要从当前的现实中去审察。

随着我国经济社会的迅猛发展，政府职能和体制改革在不断推进，社会公众与政府的关系发生了深刻的变迁，政社关系逐渐复杂化，任何一个单一的视角都无法准确地阐释我国当下社会公众与政府在环境治理中的复杂而微妙的互动关系。一方面，无可争辩的是政府对社会公众在环境治理领域内的活动确实存在一定的限制，但同时也在寻求利于治理结果的多途径合作，如环境项目中的 PPP 合作模式，吸收民间力量参与环保督察等，以当前的我国对环境治理的理念创新来看，合作关系居于主要位置。另一方面，由于长期以来政府在环境治理领域内"全盘承接，一手包办"，使社会公众在环境治理事项中对政府产生了很强的依附作用，因而即便是政府引导公众参与，这种依附作用在短时间内也难以消解。由此，中国语境下社会公众与政府在环境治理中的关系主要表现为依附与合作特征。

（三）环境多元共治机制的解构思路

环境多元共治倡导"诱致性手段"，而非"强制性手段"（王帆宇，2021），它强调的是打破政府单一治理的总格局，消解政府刚性干预企业的直接矛盾，破除环境治理过程中公众权力缺失、认同匮乏、合作不足的现实阻隔，激发企业在市场运行过程中履行环境社会责任的积极性。党的十九大提出的"政府为主导、企业为主体、社会组织与公众共同参与"的环境治理新理念已指明了新阶段生态环境多元共治机制构成为多重维度，即政府—企业维度、企业—公众维度、公众—政府维度。

政府作为生态环境治理的"第一责任主体"，需要为国营与民营两类企业实施绿色环保生产指明方向，需要通过相关手段引导企业选择利于环境保护的行为决策。企业作为环境保护与治理的关键主体，需要在市场运行过程中一边被动接受来自政府的外压力矫正，一边主动促生自己的内驱力矫正，进而在与机构消费者、个体消费者的"生产—消费"博弈中选择能够主动履行环境社会责任的策略。公众作为环境治理的利益相关主体，需要政府赋予参与环境治理的相关权力，在中央、地方两级政府间寻得能够实现利益均衡的平衡状态。

由此，对环境多元共治机制的解构可从政府、企业、公众在生态环境治理过程中的相互关系切入，依据主体间关系确定解构方向。在政府—企业维度上，政府与企业间的互利协作关系决定了政府可以从"一手包办"的原有模式中脱离，选择引导企业承担主要的环境治理任务，则第一层解构为政府引导机制。在企业—公众维度上，企业自愿履行环境社会责任的实质并非是因为政府刚性干预，而是企业作为决策者在市场运行过程中的理性选择，无论是短期内形成的"生产—消费"次优策略，还是长期内形成的"生产—消费"双优策略,皆是企业履行环境社会责任与否的理性选择结果,则第二层解构为企业履责机制。在公众—政府维度上,政府为破除公众参与环境治理权力缺失、认同匮乏、合作不足的现实阻隔,需要积极革新制度,努力形成回填权力、增进认同、推进合作的良好局面,从而使得公众能够在中央、地方两级政府间找寻出最优的环境治理合作策略。

通过以上分析,中国语境下跨域生态环境多元共治机制的解构思路如图 3-1 所示。

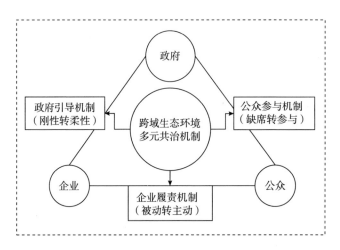

图 3-1　中国语境下跨域生态环境多元共治机制的解构思路

三、跨域生态环境多元共治机制的研究设计

本书研究的主要目的是对新阶段我国环境治理新理念——"政府为主导、企业为主体、社会组织和公众共同参与"进行机制化表达和解构。在

研究设计中，将"跨域"作为具体研究的背景，但文中的"跨域"不是近年研究者聚焦的"府际协同治理"中的行政地理域，而是更多地关注不同环境利益主体所形成的各类组织域，即政府引导机制中政府面对的国营企业域和民营企业域，企业履责机制中企业面对的机构消费者域与个体消费者域，公众参与机制中公众面对的中央政府域与地方政府域。将"治理"作为主要研究方向，但不是对具体单一治理模式进行优化和改进讨论，而是对多元主体共治的治理范式进行系统化研究尝试，是从行政刚性干预的治理思维向政府柔性干预的治理思维的变革剖析，是从企业被动履行环境社会责任到企业主动履行环境责任的转向求证，是从公众缺席环境治理到公众参与环境治理的实践探索。将"机制"作为研究的关键核心，对现行的单一治理的环境治理机制进行考察评价，对新阶段转向多元共治的环境治理机制进行判定，以政府、企业、公众等环境治理主体间的关系为机制研究的逻辑基点，详细讨论"政府为主导、企业为主体、社会组织和公众共同参与"的环境治理新理念如何进行合理的机制化表达和解构，从而从经济机制设计视角对跨域生态环境多元共治问题进行拓宽性的研究。

在此设计背景下，本书首先对生态环境治理相关理论进行阐述，梳理"科层式治理—市场化治理—社会网络治理—元治理—多元治理"的环境治理理论发展过程和经济机制设计理论的演化过程；然后以此作为中国语境下跨域生态环境多元共治机制研究的理论渊源和依据，吸收元治理、激励相容、信息有效等思想，考察现行的单一治理机制，并对新阶段我国语境下需要选择的环境治理新机制进行判定和提出所选机制的解构思路；接着按照"政府引导—企业履责—公众参与"的思路对中国语境下跨域生态环境多元共治机制进行详细解构；再次从机制检验的角度对跨域生态环境多元共治机制进行评价，并尝试性地提出一般化理论工具；最后依据结论从政府视角、企业视角和公众视角来分析相关政策含义。据此，本书把整体研究设定为理论分析、现实考察、理论重构和政策引申四个部分，如图3-2所示。

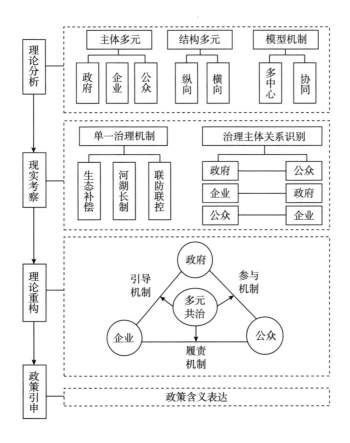

图3-2　跨域生态环境多元共治机制研究设计

四、本章小结

　　本章对我国当前的环境治理机制和环境治理中各利益主体间关系进行分析，并以前文的文献和相关理论分析为基础，从与中国现实相契合的角度提出了本书的研究设计框架。首先，从我国现行的生态补偿、河（湖）长制、环境联防联控联治机制来看，所有机制都难逃单一治理模式下科层式治理的窠臼，实质上政府依然是治理的绝对主体，环境利益主体间的关系是割裂的，政府与企业、企业与社会公众、社会公众与政府三层实质关系并未在现行的机制中表达和体现，机制的设计和实践过程都是政府在"一手包办"，环境治理的主体始终未能发生转换和移位。据此，对我国新阶段环境治理主体间关系重新进行了识别，得出环境治理中政府与企业的主要关系表现为互利合作，企业与公众的主要关系表现为冲突与共生，公众与政府的主要关系表现为依附与合作，并对新理念下环境治理机制的选择和解构思路作出了较为准确的判定，即多元共治机制是我国新阶段环境治理的必然选择，对其解构应从政府、企业、公众在生态环境治理过程中的相互关系切入，依据主体间关系确定解构方向，将多元共治机制解构为政府引导机制、企业履责机制和公众参与机制。其次，从理论分析与现实考量结合的视角提出了"理论分析—现实考察—理论重构—政策引申"的系统性研究设计。

第四章
跨域生态环境多元共治之政府引导机制

　　政府提供给企业各类规制管理类的公共服务，所有企业都难以逃离跨国营企业域和民营企业域的政府规制。但是并非政府所有规制都会达到期望的成效，对环境资源这类公共物品而言，一方面，由于生产具有环境外部性属性，企业在短期利润驱动下，可能想方设法有意应付政府相关规制，导致环保科技创新流于形式；另一方面，现代企业制度要求企业所有权和经营权分离，弱化了政府直接干预企业环保决策的作用，即使针对国有全资企业，其环保决策也有一定自主性，这种内外双重掣肘的情形易于导致政府对企业的环境规制陷入失效境地。在此背景下，政府对企业环保决策的引导激励成为可供选择的一条有效途径。在企业技术创新过程中，环保技术创新并非是独立式、分离式的创新，而是和其他技术方向的创新融合在一起，往往一次生产工艺的提升不仅改进效率，也改善环境排放。由此，多数研究者在研究政府引导基金和政府补贴的作用时并未将环保技术创新独立分析，而是将其作为企业生产技术整体创新的一个内在部分，即政府引导企业加强环保的过程可以采用政府引导企业进行科技创新的方式进行观测和分析。本章同样参照这种做法，主要考察环境治理中政府引导机制的建构基础、运作机理、博弈过程。

一、政府引导企业技术创新的理论支撑

（一）从公共物品到市场失灵

曼昆、萨瓦斯、奥斯特罗姆夫妇、萨缪尔森、布坎南等著名研究者都对公共物品的定义进行过界定（张琦，2014），但就其共性的判断而言，研究者通常依据三个标准，即排他性、竞争性和可分性，具有排他性、竞争性和可分性的物品为私人物品，而具有非排他性、非竞争性和不可分性的物品为公共物品。人们对公共物品的消费可能产生外部性（宋妍等，2017），如在教育领域，教育服务的消费者直接受益，但同时整个社会的受教育程度和水平会得到提高，此时产生了正向的外部性；在环境领域，公共草场的过度放牧造成的土地沙漠化、工业生产污水随意排污造成的江河湖泊污染、低效的节能设备造成的雾霾天气等都产生了负向的外部性。依据经济学中理性经济主体的假设，当经济活动中正向外部性产生时，经济主体付出的成本高于收益，经济活动可能被迫停止，此时整个社会的总收益增加，但并未付出对等的代价，必然会出现社会资源配置失当；而当经济活动中的负向外部性产生时，经济主体得到的收益大于成本，但社会中的其他经济主体必然承受额外的损失，此时也必然出现社会资源配置失当。这种资源配置失常的结果往往会导致市场失灵，即市场正常调整商品和劳务的分配过程被扰乱，市场效率损失严重。由此，对环境这种公共物品而言，企业生产排放造成的负向外部性导致市场在配置环境资源时陷入失灵的境地，此时需要政府介入调控，通过干预手段平衡成本和收益，正常发挥经济职能。

（二）从市场失灵到政府干预

政府干预的思想最早由重商主义学派提出，之后经过古典学派、凯恩斯学派、货币主义学派、新古典学派、供给学派的演化发展，现已在主流经济学理论认知中达成共识，即在经济活动中市场机制最为有效，各国经济发展政策紧随市场机制来制定，但市场机制并非是完美的，尤其是在提供公共物品时可能出现市场机制调整失效的情况，即市场失灵问题。面对市场可能出现的失灵问题，政府干预成了一种必要的选择。萨缪尔森、诺德豪斯、斯蒂格利茨、平狄克、鲁宾菲尔德、米德等对市场失灵的形成原因和政府干预进行过较为详细的研究，其结论大体一致，公共产品及经济外部性是导致市场失灵的重要因素（王建瑞和周夕彬，2000）。就微观方面而言，政府干预的初衷是矫正市场失灵、改进经济效率；就宏观方面而言，政府干预的目的是改善收入分配、稳定宏观经济（席恒，2003）。市场机制在配置公共产品时可能陷入失灵的境地，因而政府介入市场进行干预成为必然，但政府介入并不等于政府取代公共物品市场提供所有的公共产品，尤其对于环境这类公共物品，政府既可以通过命令控制手段刚性干预企业"直接生产"（张建勤和艾敬，2019），也可以采用柔性干预的方式委托企业"间接生产"。政府财政补贴、政府投资基金等形式的干预是政府柔性干预的主要手段，也是当前理论界聚焦的热点，它是政府通过财政资金投入的方式主动引导企业资本投入，以政府产业政策为导向，以市场化运作为路径，达到政府引导企业进行技术改进的目的。这种综合了产业政策和市场机制的运作方式促进政府主体和市场主体间的深度融合，可以在遵循市场配置资源的前提下，矫正市场失灵问题。

（三）从政府干预到政府引导

在经济活动中，信息不对称的情况是常态，为克服信息不对称造成的严重后果，柠檬理论、信号理论等基于委托代理关系的理论相继被提出。在委托代理关系下，由于信息的不完备，代理人在交易中总是首先考虑自己的利益而置委托人的利益于不顾，甚至损害委托人利益，从而引发逆向选择问题，但如果委托人能够及时地获取代理人的私人信息，委托人就可以依据所获取的信息作出最优选择，这便是信号传递，信号理论也基于此产生和发展。信号理论在投资领域内应用最广泛，一种普遍的认知是企业内部人比外部投资者掌握更多关于企业运营与决策的信息，外部投资者并不能准确地判断发展前景好与坏的企业，企业的股票价值会被低估（章妍珊，2019）。此时，具有较好发展前景的企业就发放现金股利，避免发展前景较差公司模仿，以此获取更多的投资，而发展前景较差的公司没有足够的现金用于股利支付，这样便达到了"分离均衡"的目的。在政府介入市场进行柔性干预的过程中，政府与企业之间的信息是不完全和不完备的，政府不可能知道每一个企业的应对决策，企业也可能不清楚政府完整的政策目标（冯飞鹏和韦琼华，2019）。但现实中，政府采用命令控制手段直接干预的情况颇多，企业面临这种刚性的制度往往处于被动约束的地位，生产效率会受到很大影响。此时，政府参照委托代理关系中信号传递的形式，通过设立引导基金、财政补贴的形式向外界发出利于产业政策目标的强烈信号，能够有效缓解创新投资市场上的信息不对称现象，并在信号传递过程中积极引导企业追加利于实现各类技术创新的投资，放大资金的杠杆作用，从而利于实现政府的政策干预目的。

二、跨域背景下政府引导企业技术创新的机理分析

（一）政府干预企业的方向选择

在环境治理过程中，我国政府所面对的是两种属性不同的企业，即国营企业和民营企业，这两类企业与政府的关系不大，国营企业的市场经营决策在一定程度上受政府影响，民营企业则独立于政府进行市场经营决策，两类企业在同时面对政府的干预行为时则可能出现不同的干预结果。同时，政府干预的手段既包括行政命令等刚性干预，也包括政府引导基金等柔性干预，不同类型的干预手段对国营企业和民营企业也会产生不同的干预成效。基于此，有必要从企业类型和干预手段双重维度来讨论环境治理过中政府干预方向的选择问题。

现实中，从企业类型维度上看，在国营企业和民营企业以外，存在大量的混合所有制企业，根据股权控制比例情况，可将企业抽象化地看成是国营与民营成分连续变化和分布的存在；从干预手段维度上看，在刚性的行政手段和柔性的经济手段之间，存在环境规制条例、环境税收补贴等混合式的政府干预策略组合，因此可将政府干预手段抽象化地看成是刚性成分和柔性成分连续变化和分布的存在。据此，可以将跨域视角下政府对企业的干预置于二维坐标中进行讨论，如图4-1所示。

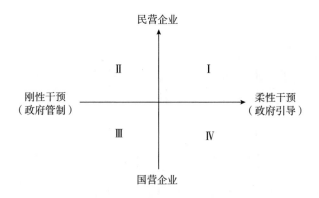

图 4-1　跨域视角下政府对企业的干预分析

　　基于同时考虑企业类型与干预手段，环境治理过程中政府对企业的干预形成了四个象限区域，而本节一个重要的任务就是分析具有显著成效的政府引导行为会落入什么样的象限区域。在 I 象限内，政府更多选择政府引导基金等柔性干预手段，与政府用行政手段管制企业环保科技投入会给民营企业造成巨大生产成本压力相比（II 象限），政府引导基金等柔性干预则有效分担了民营企业绿色科技创新的风险，这无疑是政府对企业发展升级的重要支持，可见柔性干预一方的政府引导在 I 象限内是非常有效的。在 IV 象限，国营企业可能会受到政府引导基金等柔性干预的影响，但与政府用行政命令手段干预国营企业相比（III 象限），政府引导的作用有限，主要是因为国营企业受政府行政命令式干预的直接影响程度较大，抵消了一部分政府引导作用。可见，政府引导主要发生在 I 象限区域和 II 象限的部分区域，而环境多元共治正是关注这样的象限区域。这一分析结果与张杰（2020）等学者的实证研究结果基本保持一致。可以说，以上的分析是对政府引导进行了较为抽象化的表达（郑雨尧，2001）。

　　从现实层面来看，政府引导主要是通过政府科技投资引致企业自身科技投资起作用的，发达国家和地区的经验表明，政府科技投资对企业科技投资能够产生明显的引导作用。从理论层面来看，依据经济增长理论可知技术并非外生，而是内生于经济系统，并以特殊生产要素的形态存在，它不是以独享性和竞争性为特征的普通商品，而是具有非独享性和非竞争性的特殊商品。非竞争性导致技术研发的基础成本非常高，但成型技术复制的成本相对较低，这使得科技创新投资的私人收益低于社会收益。此时私人投资者并不能获取自身投资所带来的全部收益，故导致私人投资的动力不足，总投资额将远低于社会最佳投资额。这种情况在基础研究领域内最严重，会造成基础技术存量严重不足，从而增加企业技术创新研究的难度，使企业增加研发投入决策的矛盾进一步恶化。尤其是在市场发育不完善的发展中国家，市场竞争会脱离价格的指导和调控，企业有时会被市场以外的非经济因素影响，进而很难获得和保持自身的市场地位，这使企业可能弱化科技创新的决策，从而缩减科技创新投资。在此情景下，为规避非经济因素影响，政府积极向企业转移基础领域技术创新投入所取得的成果，给企业技术创新带来助力和支持，从而能够引导企业增加技术创新投资。

（二）政府引导企业技术创新的效应分析

1. 杠杆效应

随着经济发展阶段的演进和市场化程度的改进，由政府作为主体的科技创新投入逐渐转为由企业作为主体的科技创新投入，但未发生变化的是政府依然是科技创新投入的主导（张增磊，2018）。这是因为政府投资的共性技术等基础研究能够为企业后续的技术创新研究提供技术参照和支持，有效降低企业的成本风险，并能很好地刺激企业对技术创新的投入，从而扩大科技创新总投资（黄嵩等，2020），可见政府科技创新投入会对企业科技创新投入产生强力的推动作用，即引发杠杆效应。熊彼特的创新理论认为，技术发展推动了技术创新的产生，技术突破性发展成为技术创新的根本动因。无论是企业外部的技术发明还是企业内部的技术突破，都能够积极地推动技术创新，并都有流向商业应用进而获取高额利润的直接动机（金军等，2019）。一个假设的情况是，如果由市场机制完全调控技术创新投入，企业根据技术创新意愿自由投资，其结果将会导致科技创新投入系统紊乱，资源不能达到最优配置，市场效率受损，整体社会科技创新投入达不到最佳水平，即发生科技创新投入市场失灵。其原因主要在于科技创新成果的外溢特征，即同时具有非排他性和非独占性，使得科技创新投入的私人受益低于社会收益。另一个极端但又现实的情况是，如果企业科技创新投入来源于外部融资，企业运作成本运营风险会大幅增加，这种情况将迫使企业做出不利于科技创新的决策，进而导致科技创新投入的缺乏和不足，这正是政府引导企业科技创新投入的最根本原因。从本质上来看，这种引导也是政府对企业的规制行为，有效规制是科技领域内政府调控作用的体现，它在一定程度上纠正了市场失灵情况，规范了科技创新投入的市场秩序（黄英君，2010）。政府科技创新投入弥补了企业科技创新投入的不足，更重要的是它对企业较少涉及和关注领域的科技创新投入空缺是重要补充。无论是扶持资金、专项资金等直接支持，还是拓宽横向和纵向关系的间接支持，都能够在一定程度上起到引导作用。这种作用容易促使政府出台科技资源投入相关政策，进而形成资源流向示范效应，利于扩大科技创新投入供给规模，改善科技创新投入供给结构，以政府科技创新投入为杠杆，形成整个社会科技创新投入集聚。

2. 挤出效应

在政府对企业科技创新投入引导过程中，除明显的杠杆作用，同时还存在政府科技创新投入增加抑制企业科技创新投入的挤出效应（张杰，2020）。一个现实情况是，政府公共资金供给与企业真实需求可能发生错配，尤其是在政府投入领域与企业投入领域未能区分明确界限的情况下，政府公共资金可能会被引入企业原本计划开展的科技创新投资项目中，造成企业科技创新投入减少，同时导致创新研发的名义需求超过了实际需求，但短期内企业内部参与较高水平创新研发的人员数量是缺乏弹性的，一个结果就是创新研发的资源价格被迫抬高，高价格会使得部分企业将原定用于创新研发的投入转向其他用途，总体上来看，企业科技创新投入的一部分会被政府投入挤出（徐宏达和赵树宽，2017）。政府投入商业化是造成挤出效应的一个重要原因，政府引导资金目标方向是决定杠杆效应与挤出效应谁占主导效应的决定因素。政府资金的目标是纯科学研究等具有社会公益性的方向时，投入有效，此时杠杆效应占据主导；政府资金的目标是财富化的方向时，投入可能失效，此时挤出效应占据主导。实质而论，政府科技创新投入原本是一种以提供特殊公共产品为目的的财政支出，并不存在谋求商业利润的直接动机。但现实中，国家和地区竞争力评判的核心标准即经济增长和社会财富增加，政府科技创新投入则必然会考虑经济效益，但当政府公有性质和企业私有性质的资本共同作用于现实中的具体项目时，可能出现两类资本间的侵蚀情况，要么政府科技创新投入被商业资本利润化，要么商业资本的获利性受到政府科技创新投入的明显抑制。技术外溢性是产生挤出效应的另一个重要原因。技术创新是一个复杂的系统工程，必须经过大量基础研究、应用实验才能获得，其成果需要知识产权的保护才能得到较好的投入补偿（王志国等，2016）。考虑到技术外溢传播的正外部性，在知识产权保护制度不健全或者保护期过后，企业会在这种"外溢"的过程中获得收益，从而抑制了企业自身对技术创新的投入（钟世杰等，2010）。多数决策者和研究者对政府加大技术创新投入引导企业扩大技术创新投入的认知过于感性，较少考虑挤出效应，这方面的问题需要更多微观层次的实证来予以验证和纠偏。

三、政府引导企业技术创新的博弈分析

当前，关于政府引导企业技术创新投入的研究比较频繁和活跃，其实证方面的研究主要集中在两个方面：一是大量的研究都采用了线性回归模型来分析政府引导机制的作用路径，判定政府技术创新投入是激励企业技术创新投入（杠杆效应）还是抑制企业技术创新投入（挤出效应）。张杰（2020）对这方面的研究进行了经验性的总结，并基于政府投入与企业投入两者的 U 型关系进行了解释，其结论在一定程度上达成了共识。二是基于委托—代理理论重点探讨政府对企业技术创新投入激励（正向引导）问题，但这一个方面的相关文献偏少，关于政府—企业技术创新投入博弈方面的讨论还未深入。依据经验，基于委托—代理关系的激励问题研究一般都会将激励合同形式视为产出的线性函数，并对其在最大约束条件下求解来确定激励合同中的系数。从参与人的角度来看，委托人和代理人对风险规避的变化程度决定了最优激励合同的具体形式，由此最优激励合同具体形式确定的前提是设定委托人和代理人的效用函数。本节的研究与以往相比，并非是事先将分担合同设定好再求解参数，而是依据委托代理双方风

险规避的具体特征设定效用函数，并利用委托—代理模型导出分担方程再求解参数，这样将更有利于分析政府—企业的技术创新投入博弈过程分析。

(一) 委托—代理模型的引入

整个社会技术创新投入主要由政府投入和企业投入共同组成，因此技术创新投入既是政府公权力实施行为，也是企业私权力选择行为。这种公权力与私权力的边界是动态的、变化的，政府投入的公权力行为实施对企业投入的私权利行为选择产生了极大的影响（杠杆效应和挤出效应）。政府引导性的财政资金投入目的是期望企业能够按照政府要求选择投入水平，即政府根据观测到的信息制定最优激励合同，但一个问题是企业可能为了获得更多政府投入支持，公布虚假信息使得政府观测到的企业技术创新投入水平信息失真，因此政府可能无法准确观测到企业技术创新投入水平，而只能观测到一些间接的变量，如技术创新投入导致的产出变化。这些信息是企业决策和外生随机变量（市场情况等自然力）共同决定的，属于不完全信息。实质而论，委托—代理理论是机制设计理论的一种特殊的应用形式，政府（视为委托人）对企业（视为代理人）技术创新投入的引导，本质上需要设计出某一种最优的引导机制，即委托—代理理论中的最优激励合同。最优激励合同既可以达到政府对企业的引导期望，也可以达到企业较高水平的努力程度（技术创新投入规模），这与政府引导企业技术创新投入问题研究的契合度极高。本节借鉴委托—代理理论，引出政府引导企业技术创新投入的最优风险分担模型（最优激励合同选择），旨在分析政府—企业技术创新投入的博弈过程。

研究设定 A 表示代理人（企业）所有可选择的行动组合，α 是代理人的一个特定行动，为了分析方便，设定 α 是一维变量 $\alpha = (\alpha)$，α 为技术创新投入；设定 $\alpha \in A$ 表示代理人努力程度（企业技术创新投入的一个具体水平），α 的取值区间用相对数（百分数单位）表示为 $[0, 100]$；设定 θ 表示自然力，即外部环境，它是不受政府和企业影响和控制的随机变量，Θ 是 θ 的取值范围，θ 在 Θ 上的分布函数和密度函数分别为 $G(\theta)$ 和 $g(\theta)$，其中设定 θ 是连续变量，如果 θ 有有限个可能值，$g(\theta)$ 为概率分布。在代理人选定行动 α 后，外生变量 θ 得以实现，α 与 θ 共同决定了可以观测的某个产出水平 $\pi(\alpha, \theta)$。依据实际经验，假定 $\pi = \pi(\alpha, \theta)$ 为严格单调增函数，即企业技术创新投入越高，自然力条件越好，对应的产出水平越高。产出水平受到委托人（政府）的高度关注和重视，并视为委托人的期望产出，委托人在某种程度上对期望产出具有所有权（如政府税收来源于产出）。对委托人而言，最重要的问题是委托人如何设计出一个激励合同 $s = s(\pi)$，并通过观测 π 对代理人进行奖惩（下一轮政府技术创新投入规模调整），从而能使得代理人的期望产出达到最大。

研究假定委托人 V-N-M（纽曼—摩根斯坦）效用函数分别为 $v(\pi - s(\pi))$，代理人的 V-N-M 效用函数为 $u(s(\pi)) - c(\alpha)$，其中 $c(\alpha)$ 为代理人在选定行动 α 时的成本，同时委托人和代理人的 V-N-M 效用函数满足 $v' > 0$，$v'' \leq 0$；$u' > 0$，$u'' \leq 0$；$c' > 0$，$c'' > 0$。即表示委托人和代理人是风险厌恶或者是风险中立的风险倾向，代理人努力的边际负效应是递增的。委托人和代理人的利益冲突来自 $\partial \pi / \partial \alpha > 0$ 和 $c' > 0$，$\partial \pi / \partial \alpha > 0$ 意味着委托人希望代理人多努力，而 $c' > 0$ 意味着代理人希望少努力。由此，委托人必须对代理人提供足够的激励，否则代理人不会达到像委托人希望的那种努力程度。

研究假定分布函数 $G(\pi(\alpha, \theta))$、产出水平 $\pi(\alpha, \theta)$、效用函数

v（$\pi-s$（π））和 u（s（π））$-c$（α）都是共同知识，即委托人和代理人相互知道对方都知道这些技术关系，但委托人不能直接观测到自然力水平 θ，同样也不能直接观测不到代理人的努力程度 α。

由此，委托人的期望函数可以表示为：

$$\int v(\pi(\alpha,\ \theta) - s(\pi(\alpha,\ \theta)))g(\theta)\mathrm{d}\theta \qquad (4.1)$$

此时，委托人最关键的问题是如何选择 α 和 s（π）能够使得上述函数最大化。在争取委托人期望函数最大化的过程中，委托人实际上面临着代理人的双重约束。一是参与约束，即代理人选择委托人策略时的期望效用不低于不选择委托人策略时的期望效用。如果用 $\bar{u}$ 表示不选择策略时的最大期望效用（保留效用），则参与约束可以表述如下：

$$\int u(s(\pi(\alpha,\ \theta)))g(\theta)\mathrm{d}\theta - c(\alpha) \geqslant \bar{u} \qquad (4.2)$$

二是激励相容约束，即假设委托人观测不到代理人的具体行动选择 α 和自然力 θ 情况，无论是何种激励合同形式，代理人一定会选择能够确保自身效用最大化的行动 α'，只有当 $\alpha > \alpha'$ 时，代理人必然选择行动 α，则激励相容约束可表述如下：

$$\int u(s(\pi(\alpha,\ \theta)))g(\theta)\mathrm{d}\theta - c(\alpha) \geqslant \int u(s(\pi(\alpha',\ \theta)))g(\theta)\mathrm{d}\theta - c(\alpha'),\ \forall \alpha' \in A \qquad (4.3)$$

由于产出 π 为随机变量，可以根据 θ 的分布求得 π 的概率密度函数 f（π，α），由此委托人选择最大化期望问题的参数化模型（状态空间模型化方法）可表达为：

$$\max_{\alpha,\ s(\pi)}\int v(\pi - s(\pi))f(\pi,\ \alpha)\mathrm{d}\pi$$

$$\mathrm{s.\,t.}\int u(s(\pi))f(\pi,\ \alpha)\mathrm{d}\pi - c(\alpha) \geqslant \bar{u}$$

$$\text{s. t.} \int u(s(\pi))f(\pi,\ \alpha)\mathrm{d}\pi - c(\alpha) \geqslant \int u(s(\pi))f(\pi,\ \alpha')\mathrm{d}\pi - c(\alpha'),\ \forall\alpha' \in A$$

$$(4.4)$$

现实中，政府是否能够直接且准确地观测到企业的技术创新投入并未有定论。部分企业将企业技术创新投入视为企业战略发展的一部分，并不想将其准确数据详细公布以防竞争对手获得相关情报，另有部分企业为更大规模地谋取下一轮政府引导性投入，则采用利于自身发展的手段瞒报信息，但亦有领军性的企业会客观准确地披露企业技术创新投入方面的信息。由此，政府可能直接观测到企业技术创新投入，也有可能直接观测不到这方面的真实信息，或者信息在统计过程中失真。鉴于此，本节从对称信息（可以观测到 α）和不对称信息两种情况来分析政府—企业技术创新投入最优激励的问题。

（二）对称信息下最优激励合同

从委托—代理理论的分析框架可以看出，这一方法是针对求解不对称信息情况的最优合同而建立的，但是当 $\alpha = \alpha'$，即政府可以直接观测到企业技术创新投入，并不存在激励相容约束。此时，可以将对称信息的情况视作不对称信息的特殊情况，因而用委托—代理理论的分析方法研究对称信息情况下政府—企业技术创新投入最优激励问题依然是适用的。

假定企业技术创新投入水平可直接准确观测，即代理人努力水平 α 给定，使用状态空间模型化方法，政府的关键问题是选择 α 和 s (π) 来解决在参与约束下期望效用最大化的问题：

$$\max_{\alpha, s(\pi)} \int v(\pi - s(\pi))f(\pi,\ \alpha)\mathrm{d}\pi$$

$$\text{s. t.} \int u(s(\pi))f(\pi,\ \alpha)\mathrm{d}\pi - c(\alpha) \geqslant \bar{u} \qquad (4.5)$$

通过构造拉格朗日函数得到：

$$L(s(\pi)) = \int v(\pi - s(\pi))f(\pi,\ \alpha)\mathrm{d}\pi + \lambda\left[\int u(s(\pi))f(\pi,\ \alpha)\mathrm{d}\pi - c(\alpha) - \overline{u}\right]$$

$$(4.6)$$

此时 $s(\pi)$ 的最优化一阶条件为：

$$-v'(\pi - s(\pi)) + \lambda u'(s(\pi)) = 0 \tag{4.7}$$

由此可得：

$$\frac{v'(\pi - s(\pi))}{u'(s(\pi))} = \lambda \tag{4.8}$$

由于研究已经假定了 $v'>0$，$u'>0$，则可知 $\lambda>0$，对其进行隐函数求导可得：

$$-v''\left(1 - \frac{ds}{d\pi}\right) + \lambda u''\frac{ds}{d\pi} = 0 \tag{4.9}$$

再将 λ 代入其中，可得：

$$\frac{ds}{d\pi} = \frac{-\dfrac{v''}{v'}}{-\dfrac{v''}{v'} - \dfrac{u''}{u'}} \tag{4.10}$$

令政府风险规避度 $\rho_p = -\dfrac{v''}{v'}$，企业的风险规避度 $\rho_B = -\dfrac{u''}{u'}$，则有：

$$\frac{ds}{d\pi} = \frac{\rho_p}{\rho_p + \rho_B} \tag{4.11}$$

当 ρ_p 和 ρ_B 为常数时，可得最优激励表达式：

$$s(\pi) = c + \frac{\rho_p}{\rho_p + \rho_B}\pi \tag{4.12}$$

由此可知，企业的最优激励是产出的线性函数。从一般性的角度考虑，设定政府的效用函数为 $v = [\pi - s(\pi)]^\gamma$，企业的效用函数为 $u = s^\beta(\pi)$。对设定的效用函数求一阶导和二阶导，进而得到政府和企业的风险规避度：

$$\rho_p = \frac{1-\gamma}{\pi - s(\pi)} \tag{4.13}$$

$$\rho_b = \frac{1-\beta}{s(\pi)} \tag{4.14}$$

将其代入 $\dfrac{ds}{d\pi} = \dfrac{\rho_p}{\rho_p + \rho_B}$ 可得：

$$\frac{ds}{d\pi} = \frac{\dfrac{1-\gamma}{\pi - s(\pi)}}{\dfrac{1-\beta}{s(\pi)} + \dfrac{1-\gamma}{\pi - s(\pi)}} \tag{4.15}$$

当 $\gamma = \beta$ 时，$\dfrac{ds}{d\pi} = \dfrac{s}{\pi}$，其解为：

$$s = c\pi \tag{4.16}$$

这意味着企业技术创新投入是产出的线性函数，且无保底基数。

当 $\gamma \neq \beta$ 时，$\dfrac{ds}{d\pi} = \dfrac{\dfrac{1-\gamma}{\pi - s(\pi)}}{\dfrac{1-\beta}{s(\pi)} + \dfrac{1-\gamma}{\pi - s(\pi)}}$ 可转变为齐次方程：

$$\frac{ds}{d\pi} = \frac{(1-\gamma)\dfrac{s}{\pi}}{(1-\beta)\dfrac{s}{\pi} + (\beta-\lambda)\dfrac{s}{\pi}} \tag{4.17}$$

令 $t = \dfrac{s}{\pi}$，通过分离变量的方式求解上述的方程，可得：

$$\frac{ds}{d\pi} = \frac{dt}{d\pi}\pi + t \tag{4.18}$$

将其代入上述齐次方程，且对其进行分离变量，可得：

$$\frac{\dfrac{1-\beta}{\beta-\gamma} + t}{t - t^2} dt = \frac{d\pi}{\pi} \tag{4.19}$$

令 $r=\dfrac{1-\beta}{\beta-\gamma}$，且用待定系数法对上式进行分解，则有：

$$\left(\frac{r}{t}-\frac{1+r}{t-1}\right)dt=\frac{d\pi}{\pi} \tag{4.20}$$

其解为：

$$\ln\left|\frac{t^{r}}{(t-1)^{1+r}}\right|=\ln c\pi \tag{4.21}$$

由 $\pi>s>0$ 可知 t 的取值区间为（0，1），假定 $c>0$，则可以得到最优分配方程：

$$\frac{t^{r}}{(t-1)^{1+r}}=c \tag{4.22}$$

最优分配方程求解是对政府—企业技术创新投入最优激励的更深一步讨论，是分析政府—企业技术创新投入博弈过程的关键。一个重要的假定是政府和企业都属于风险厌恶类型，政府收入大于企业收入的事实决定了政府规避风险的程度小于企业规避风险的程度，依据所设定的效用函数，则有 $0\leq\beta<\gamma\leq1$，进而利用反证法可得 $r\leq-1$。r 取不同的值，即代表政府与企业风险分担的比例不同，相应企业的支付不同，政府引导的作用效果不同，故以下分类讨论。

当 $r=-1$ 时，$\gamma=1$，$\beta=0$，最优分配方程具体化为：

$$s=\frac{1}{c} \tag{4.23}$$

这是一种极端情况，政府承担了所有风险，而企业不承担任何风险，此时企业支付是一个常数，企业的技术创新投入不会因为政府技术创新投入的变化而变化，政府的引导是失效的。

当 $r=-\infty$ 时，$\gamma\approx\beta$，且 $\gamma>\beta$，最优分配方程变形为：

$$s = c^{\frac{1}{r}} (\pi - s)^{1 + \frac{1}{r}} \tag{4.24}$$

由于 $\dfrac{1}{r} \to 0$，最优分配方程具体化为：

$$s = \frac{\pi}{2} \tag{4.25}$$

这是另外一种极端情况，政府和企业共担风险，且平均分担风险，此时企业的支付受到产出的影响，且为产出的 1/2，政府对企业将会是"完美引导"，即政府对企业的引导将会达到最有效的程度。

当 r 取任意值（$r < -1$）时，很难求出最优分配方程的解析解，一个替代性的解决方法是可以对具体的产值 π 和具体的常数值 c 进行赋值，从而形成具体的数值组合，便可以用数值分析法求得数值解。以 $r = -2$ 为例进行讨论，此时 $\gamma = 0.75$，$\beta = 0.5$，最优分配方程具体化为一元二次方程：

$$cs^2 + s - \pi = 0 \tag{4.26}$$

其有实际意义的解为：

$$s = \frac{(4c\pi + 1)^{\frac{1}{2}} - 1}{2c} \tag{4.27}$$

对 π 和 c 进行具体赋值，在 $r = -2$，$\gamma = 0.75$，$\beta = 0.5$ 的条件下，最优分配方式的计算结果如表 4-1 所示。

表 4-1　最优分配方案结果

产出 π	常数 c 取不同值时企业的支付				
	0.1	1	2	5	10
100	27.0	9.5	6.8	4.4	3.1
200	40.0	13.7	9.8	6.2	4.4

续表

产出 π	常数 c 取不同值时企业的支付				
	0.1	1	2	5	10
300	50.0	16.8	12.0	7.7	5.4
400	58.4	19.5	13.9	8.8	6.3
500	65.9	21.9	15.6	9.9	7.0
600	72.6	24.0	17.1	10.9	7.7
700	78.8	26.0	18.5	11.7	8.3
800	84.6	27.8	19.8	12.6	8.9
900	90.0	30.0	21.0	13.3	9.4
1000	95.1	31.1	22.1	14.0	10.0

为更直观地表现结算结果的情况，依据表 4-1 绘制出图 4-2。

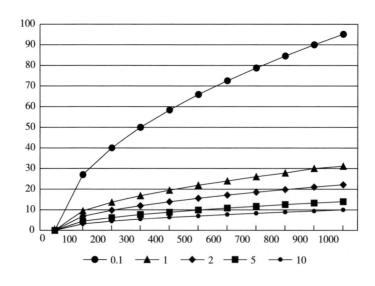

图 4-2　最优分配方案结果

由此可知，当政府与企业的风险分担比例既定时，企业的收益随着产出的增加而增加，但其占据产出的比例在降低；在产出恒定时，企业的支付因常数值的变化而不同，常数越大，企业支付越小。因而，在 $r<-1$ 的区间内取任意值时，政府对企业技术创新投入表现为部分引导作用，其引导的作用大小取决于产出水平和正值常数水平。从一般情况来看，政府和企业的效用函数保持不变的情况下，较低产出水平时政府引导作用相对于较高产出水平时更明显。实际当中，政府和企业效用函数可能在不同的产出阶段发生变化，即常数水平并不恒定，这将是更为复杂的情况，本节仅分析了一般假定下政府对企业技术创新投入引导的推演过程。

（三）不对称信息下最优激励合同

与对称信息情况不同，不对称信息下企业技术创新投入水平不可直接准确观测，政府只能观测到产出水平，此时企业的激励相容约束是起作用的，此时无论政府如何采用奖惩手段，企业都会选择自己效用最大化水平的行为，即政府不可能用"强制合同"来迫使企业选择政府希望的投入水平，而只能通过引导企业选择政府希望的投入水平。政府的关键问题是满足企业参与约束和激励相容约束以最大化自己的期望效用函数。为了方便研究，本节选用简化模型来分析不对称信息下最优激励合同的具体特征。

假定企业有高投入（H）和低投入（L）两种投入行为，高投入时产出 π 的分布函数和分布密度分别为 $F_H(\pi)$ 和 $f_H(\pi)$，低投入时产出 π 的分布函数和分布密度分别为 $F_L(\pi)$ 和 $f_L(\pi)$，π 是 α 的单调增函数，即意味着企业高投入时的高产出概率大于企业低投入时的低产出概率，两种情况下概率密度相等的临界值为 π_T。

政府的目的是企业能够选择政府期望的高投入行为 $\alpha=\alpha_H$，此时的参数化模型为：

$$\max_{s(\pi)} \int v(\pi - s(\pi)) f_H(\pi) \mathrm{d}\pi$$

$$\text{s. t.} \int u(s(\pi)) f_H(\pi, \alpha_H) \mathrm{d}\pi - c(\alpha_H) \geqslant \bar{u}$$

$$\text{s. t.} \int u(s(\pi)) f_H(\pi) \mathrm{d}\pi - c(\alpha_H) \geqslant \int u(s(\pi)) f_L(\pi) \mathrm{d}\pi - c(\alpha_L)$$

$$(4.28)$$

通过构造拉格朗日函数得到：

$$L(s(\pi)) = \int v(\pi - s(\pi)) f(\pi, \alpha) \mathrm{d}\pi + \lambda \left[\int u(s(\pi)) f(\pi, \alpha) \mathrm{d}\pi - c(\alpha) - \bar{u} \right] +$$

$$\mu \left[\int u(s(\pi)) f_H(\pi) \mathrm{d}\pi - c(\alpha_H) - \int u(s(\pi)) f_L(\pi) \mathrm{d}\pi - c(\alpha_L) \right]$$

$$(4.29)$$

最优化的一阶条件为：

$$-v'f_H + \lambda u'f_H + \mu u'f_H - \mu u'f_L = 0 \qquad (4.30)$$

对其进行转化为：

$$\frac{v'(\pi - s(\pi))}{u'(s(\pi))} = \lambda + \mu \left(1 - \frac{f_L}{f_H} \right) \qquad (4.31)$$

这一等式即莫里斯—霍姆斯特姆条件，在这一条件中，如果 $\mu = 0$，则显然破坏了激励相容条件，可依据 Holmstrom（1979）有关委托—代理理论的经典文献证明得到 $\mu > 0$，同时依据对称信息条件下的分析可得 $\lambda > 0$。由此，不对称信息下的最优激励合同不同于对称信息下的最优激励合同，特别是企业的收益 $s(\pi)$ 随着似然率 $\frac{f_L}{f_H}$ 的变化而变化，企业的收益相比对称信息条件下会出现更强烈的波动。依据对称信息下的分析假定，政府与企业的效用函数都是风险规避型，与对称信息下的最优分配合同特征相比，可以从定性的角度得到不对称信息下的最优分配合同特征：

当 $f_L(\pi) > f_H(\pi)$ 时，$s(\pi) < s(\pi_T)$；

当 $f_L(\pi) = f_H(\pi)$ 时，$s(\pi) = s(\pi_T)$；

当 $f_L(\pi) < f_H(\pi)$ 时，$s(\pi) > s(\pi_T)$。

即对于一个给定的产出水平 π，如果 π 在企业低投入时（$\alpha = \alpha_L$）出现的概率大于高投入时（$\alpha = \alpha_H$）出现的概率，则企业在该产出水平时的收益向下调整；如果 π 在企业低投入时（$\alpha = \alpha_L$）出现的概率等于高投入时（$\alpha = \alpha_H$）出现的概率，企业在该产出水平时的收益调整与自身持平；如果 π 在企业低投入时（$\alpha = \alpha_L$）出现的概率小于高投入时（$\alpha = \alpha_H$）出现的概率，企业在该产出水平时的收益向上调整。这意味着政府并不从直接观测到的产出水平 π 来推断决策信息，而是依据观测到的产出水平来推断企业选择了 $\alpha = \alpha_L$ 还是选择了 $\alpha = \alpha_H$，进而在下一轮投入中对企业进行奖惩。如果政府推测出企业选择 $\alpha = \alpha_L$ 的可能性较大，就进行惩罚（$s(\pi) < s(\pi_T)$），如果推测出企业选择 $\alpha = \alpha_H$ 的可能性更大，就进行奖励（$s(\pi) > s(\pi_T)$）。

可见，政府是在根据贝叶斯法则从观测到的 π 修正企业高投入的后验概率，而非政府事先判断企业投入选择的先验概率，这意味着产出 π 是通过似然率 $\dfrac{f_L}{f_H}$ 来影响企业的收益 $s(\pi)$ 的，s 依赖 π，并非因为 π 的物质价值，而是因为 π 的信息价值。此时，较高的产出可能并不一定意味着企业一定能够获得较高的收益 s，即 s 可能并不仅仅依赖 π。如果政府还可以无成本观测到与企业运行环境有关的某外生变量，此时可以理解为另一个企业的利润，将其记为 η，假定 η 与 α 和 θ 有关，则最优激励合同应该是 $s(\pi, \eta)$，而不是 $s(\pi)$。

假定不同投入水平下的 π 和 η 的联合概率密度函数分别为 $f_L(\pi, \eta)$

和 $f_H(\pi, \eta)$，如果 π 和 η 同时被纳入激励合同中，政府的关键目标是选择 $s(\pi, \eta)$ 求下列最优化问题：

$$\max_{s(\pi, \eta)} \iint v(\pi - s(\pi)) h_H(\pi, \eta) \mathrm{d}\eta \mathrm{d}\pi$$

$$\text{s. t.} \int u(s(\pi)) h_H(\pi, \eta) \mathrm{d}\pi - c(H) \geqslant \overline{u}$$

$$\text{s. t.} \int u(s(\pi)) h_H(\pi, \eta) \mathrm{d}\pi - c(H) \geqslant \int u(s(\pi)) h_L(\pi, \eta) \mathrm{d}\pi - c(L)$$

$$(4.32)$$

其最优化一阶条件为：

$$\frac{v'(\pi - s(\pi, \eta))}{u'(s(\pi, \eta))} = \lambda + \mu \left[1 - \frac{h_L(\pi, \eta)}{h_H(\pi, \eta)} \right] \tag{4.33}$$

依据 Holmstrom（1979）有关委托—代理理论的经典文献证明得到：

当且仅当 $\dfrac{h_L(\pi, \eta)}{h_H(\pi, \eta)} = \dfrac{f_L(\pi)}{f_H(\pi)}$ 不成立时，即只有当 η 影响似然率 $\dfrac{h_L}{h_H}$ 时，η 才应该被考虑写入激励合同。

由此，η 被写入合同的关键作用是用来剔除更多外部不确定性影响，使得企业的收益与其投入关系更为密切，调动起增加投入的积极性。现实中，企业投入意愿可能是个连续变量，政府对企业投入的引导可能面临比较复杂的情况，从理论分析来看，似然率是影响激励合同的本质因素，但实际上政府可能更愿意观测产出从而更为直接地判定奖惩决策，因而这也是政府引导机制需要进一步优化的一个重要方向。

四、本章小结

　　本章依据多数研究者所采用的做法，将绿色技术创新作为企业生产技术整体创新的一个内在部分来理解，即意味着政府引导企业加强环保的过程可以采用政府引导企业进行科技创新的方式进行观测和分析。在这一思路下，主要考察了环境治理中政府引导机制的建构基础、运作机理、博弈过程。首先，研究从"公共物品—市场失灵—政府干预—政府引导"的理论逻辑方向切入，分析了政府引导机制的理论建构基础，即如何从刚性的政府干预转为柔性的政府干预；其次，从政府干预方向选择的角度对政府在环境治理过程中跨国营企业域和民营企业域的现实背景做了较为深入的讨论，发现环境治理中政府引导主要是发生在柔性干预民营企业的象限区域和柔性干预下国营企业的部分象限区域，在此背景基础上讨论了政府引导的杠杆效应和挤出效应；最后，在研究过程中引入委托代理模型从绿色技术创新投入的角度讨论了政府对企业最优激励合同的设定问题，发现在更接近现实的不完全信息条件下，当政府能够观测到影响企业运行环境的外生变量，且外生变量影响企业低投入时的产出分布密度与企业高投入时的产出分布密度（似然率）时，外生变量应被写入激励合同。

第五章

跨域生态环境多元共治之企业履责机制

依据新古典经济学思想和主张，市场是自由的市场，消费者是理性选择的消费者，政府不需要对市场进行过度干预矫正，市场运行是一种自行调节的自然状态。但在现实当中，由于政府的强势存在，这种自然状态其实只是理想状态。萨缪尔森等（2012）认为现实市场是一种混合状态，既需有市场自行调整，也需有干预矫正。正是由于市场为这种混合状态特征，使得市场中的政府、企业和社会公众三种力量能够保持动态的均衡，即市场能够得以正常运行（金培振，2015）。在此过程中，企业谋取最大利润与社会消费者谋取最大化效用是维系动态均衡的主要意愿性动力，生态环境保护可视作内化于生产和消费之中的附带性产品（毛新，2012），一方面，企业追逐短期利润不愿意投入较高的成本生产绿色产品；另一方面，消费者为了自身健康和生态环境美化的需要渴望消费绿色产品，这种生产与消费信息的错配行径导致了扭曲的市场价格和不公平的市场竞争。因而，生态环境治理中以价格波动、自由竞争、供求均衡来调整推进市场运行的传统路径容易受阻。尽管政府在确保市场竞争的前提下进行着一定程度的干预，但并非所有的干预都会有显著的成效，不同性质的企业对干预反应也不尽相同，企业履行环境社会责任程度更会不同。在此情景下，在市场运行过程中加入矫正条件不失为回应受阻与失效问题的较好思路，因此本章将企业履行环境社会责任的问题置于市场运行过程中进行研究，具体对加入矫正条件的市场运行理论、相关主体博弈及运行实践展开较为深入的讨论。

一、市场运行理论的扩展讨论

（一）传统的市场运行理论

1. 市场运行的要素构成与循环运动过程

马克思在《资本论》中深刻讨论了市场构成的物质内容，认为商品供给与商品需求是市场运行的物质基础，商品的供给与需求对立、统一，且辩证、运动，商品供求构成了市场运行的物质前提，市场运行对市场力量的调节必须通过供求变动来实现。然而供求并非是孤立的存在，而是需要依赖价格与竞争的共同作用才能发挥调节市场的功效，供求的变化动向既受到市场价格和市场竞争状况的直接约束（黄贤金，2003），又对市场价格和竞争状况产生影响。由此，价格、竞争与供求共同构成了市场运行的三个基本要素，且这些基本要素不会因为市场性质、规模和范围的变化而变化，这三个基本要素交互运动所实现的市场运行正是商品经济规律作用于市场的最终结果。

在市场运行过程中，价格作为价值的特殊转化形态始终处于不断运动变化中，价格围绕价值波动，价格可能在某个时间、某个程度、某个方向上与价值相背离，但却始终围绕着价值一次次回归，这种反复运动使得所有微观市场主体都紧盯价格且对价格进行预判，从而估计相应的生产额和消费额。正是因为价格方面存在的波动，才使得市场主体选择竞争来适应价格或者下一期价格，竞争能力强的主体往往能够在下一期价格适应中和下一轮竞争中更具竞争优势（张国山和段华洽，1996），也促使市场力量结构不断做出优化和调整。价格波动与竞争调整共同推动了供求力量变化运动，始终往复着从一个均衡到另一个均衡的循环运动，从而构成了市场运行的发生和实践过程。价格条件、竞争条件、供求条件与市场运行的关系如图5-1所示。

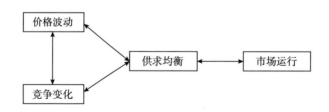

图 5-1　价格条件、竞争条件、供求条件与市场运行的关系

2. 市场运行的循环运转动力与系统开放性分析

实质而论，市场运行的发生、运转和完善都是由社会关系决定。诸如生产者、经营者、消费者等市场经济活动中的众多参与者，无一不是在客观经济规律的指引和约束下，通过价格、竞争、供求的循环变化，选择利于自身的经济行为和作出利于自身的经济决策，或自我扩张，或减缩生产经营规模，或中断经济行为，这些行为和决策的唯一目的即谋取经济利益。在经济利益引导下，市场运行对微观市场主体产生了特殊约束力，强制性要求微观参与主体必须适时调整经济行为与决策从而实现自我平衡（金硕仁，2000）。这种约束力便是市场运行的循环运转原动力，它的缘起是市场经济人对利益的追逐，同时这种约束力在没有内外部矫正力量存在时，不会因市场性质和规模的变化而改变。

在利益追逐引起市场运行循环运转的动力以外，是否还存在相反的内外部阻隔力，这一问题即需要对市场运行是纯自然封闭系统还是开放型系统进行科学判定。依市场的本质而言，它是商品生产、流通、交换扩大化以及分配高级化的必然产物，也是对生产、流通、交换和分配过程中各种复杂经济关系的集中呈现和反映（许士英，2008）。在市场运行过程中，价格、竞争与供求这三个要素的运动变化往往受到政治经济因素和自然因素直接或间接的影响，内在和外在的因素共同决定了市场运行态势和市场运行效率。可见，市场运行并非是一个封闭的系统，而是内外部保持密切联络并相互作用的开放性经济系统。

（二）市场运行理论的进一步扩展

1. 开放性系统环境中市场运行

仅考虑价格、竞争和供求条件的市场运行是一种理想化情况，在开放性系统环境中，市场运行除受价格、竞争、供求三个主体因素影响外，还存在其他因素的影响（黄薇和陈进，2006；胡民，2006）。需要注意的是，其他因素对市场运行的影响作用不同于价格、竞争和供求在市场运行中的双向循环影响，而是一种单向的影响路径，这些因素可能表现为激励方面的影响，也可能表现为风险方面的影响。这些主体因素和非主体因素在开放性系统环境中生成、维系着复杂的经济关系，且共同推动着市场的运转。其中，价格因素在整个市场运行过程中处于核心地位，市场运行需要从价格的调整发起，同时通过紧密结合竞争来影响供求，而其他因素则通过单向影响供求而产生作用，推动着市场运行实践。

2. 加入矫正条件的市场运行

价格、竞争与供求以外的因素对市场运行的影响是单向的、矫正性的影响（徐衣显，2006），因此可以将其归统为矫正条件。其矫正的方向可能为正，也可能为负（崔冉冉，2018），矫正的效果可能是期望的，也可能是非期望的。例如，政府对市场的刚性干预就是矫正力量，这种矫正往往逆市场运行规律方向进行，主要是基于经济以外目标的考虑，最低限价、最高限价、市场准入、环保标准等都属于政府矫正，它可能获得一定的社会目标，但却可能损失了市场效率。矫正可能来源于外部的政府，也可能来源于企业内部自身（李岩，2014），如企业由于保护环境的社会责任进而改进技术大力生产绿色产品，即以企业社会责任为导向的自我矫正。开放性系统环境中加入矫正条件的市场运行如图5-2所示。

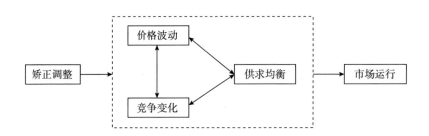

图5-2 开放性系统中加入矫正条件的市场运行

二、跨域背景下市场运行中的企业履责机理分析

（一）环境治理的企业履责逻辑判定

1. 市场运行中的矫正调整动因分析

本节对开放性系统环境中市场运行的刻画更接近现实情况，其中内外矫正条件包括了企业自身以外的政府矫正要素，也包括了企业自我矫正要素。自我矫正不同于政府矫正，它不是外界给予企业的外应力，而是企业自我革新的内驱力。企业一方面在外应力的作用下，为达到政府的环境规制要求和满足社会消费者对环境产品①的需求，被迫改进技术、改善生产、改变战略，生产具有绿色品质的产品，并认真开展节能减排活动；另一方面在内驱力的推动下，为践行企业环境责任，满足法律和道德的约束要求，同时也可能基于企业发展周期性战略的考虑②，自身认真履行环境责任，自觉加大研发力度，促进环保技术创新，在绿色产品生产和节能减排两个方面双向使力（宋建波和李丹妮，2013）。内外矫正力量共同作用，使得矫正不足甚至矫正缺失条件下市场运行受阻的问题得到较好的解决。

一个重要问题是环境治理中企业履行环境责任的动因是什么？大量的

---

① 此处的环境产品有两层含义：一是社会消费者追逐的具有更高环境标准的绿色商品；二是社会消费者渴望的能够使整个社会受益的美好生态环境。

② 学者的实证研究结果表明：在企业的一个发展周期内，企业履行环境责任会对企业财务绩效产生显著的正面促进作用。

文献从政府管制企业即从外应力的角度给予解释，认为企业履行环境责任的主要动力来源于政府。如果将这一问题置于市场运行的过程中分析，政府的外应力构成影响企业履责的外因，而公众（消费者）① 的消费决策变化所产生的绿色产品引力则构成了企业主动履责的内因。具体来看，企业在市场运行中面对两类消费者，即个体消费者和机构消费者，也意味着企业是跨个体消费者域和机构消费者域而形成环境履责决策。但两类消费者对绿色产品的敏感度不同，个体消费者对市场运行中的信息敏感度很高，一旦有利于消费效用增加的情况出现，个体消费者会立刻调整消费决策，尤其当企业进行绿色技术改进后产品价格水平变化幅度不大时，理性消费者会立刻将非绿色产品消费转向绿色产品消费；机构消费者可能与企业事先达成了利益互换协定，从而存在机构消费者与企业的某种或显性或隐性契约关系②，在这种契约关系的约束下，机构消费者对市场信息的反应则比较迟缓，因而即使是企业进行绿色技术改进后产品价格水平变化幅度不大时，机构消费者仍然要按照协定的时间内消费非绿色产品，在协定时间过后，机构消费者会转向绿色产品消费。可见，个体消费者和机构消费者决策变化对新一轮绿色产品开发产生了直接和间接的引力，这种引力通过市场运行过程最终转化成企业履责的内驱力。因而，政府的外应力和企业的内驱力共同构成了企业履行环境责任的动因，如图5-3所示。

---

① 公众在环境多元治理中具有双重角色：一是政社关系中的公民；二是企社关系中的消费者。双重角色下存在较为明显的对应关系，即社会组织与机构消费者、单个公民与个体消费者。

② 消费领域内可能存在消费垄断的情况，即整个社会的某类消费高度集中于一个或少数机构消费者中，这只是比较极端的情况，本书主要是阐述机构消费者与企业隐性利益契约所形成的市场行为约束。

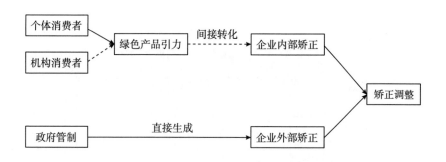

图5-3　跨域背景下市场运行的矫正调整动因

2. 市场运行中的企业环境社会责任分析

为了更清楚地分析市场运行中企业履责的内驱力矫正路径，本节引入卡罗尔模型，从企业社会绩效的视角来分析企业环境责任"是什么"和"怎么办"的问题。

20世纪70年代初，理论界对企业应当承担何种社会责任这一议题进行了激烈的讨论。以弗里德曼为代表的传统观点认为企业不存在践行社会责任的问题，企业的唯一责任就是为股东创造经济利润；卡罗尔等沿袭霍华德·博文的主张，认为企业在为股东谋求利润以外，也应该自愿地承担社会责任（李健，2010）。此后，人们开始逐渐接受了这种企业经济责任以外还需有社会责任的观点。但是如何全面认识、科学评价和正确践行企业社会责任，观点迥异，一时间未有定论。卡罗尔等学者整合了多人的观点，从9种具有一定代表性的观点中，梳理总结出了三维的企业社会绩效模型，即卡罗尔模型，如图5-4所示。

维度Ⅰ（企业社会责任类别）：卡罗尔并没有完全否定弗里德曼关于企业社会责任的观点，而是对其进行了修正和扩展。他认为企业社会责任所包含的并非仅仅是社会对经济组织在经济方向上的期望，而是在特定时

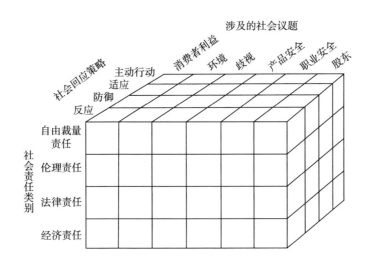

图 5-4　企业社会绩效三维模型

期内对经济、法律、伦理和自由裁量方面整体性、系统性的期望。经济期望尽管是企业最本质和最重要的责任，但却不是唯一的责任，企业作为社会的有机构成部分，社会虽然赋予了企业生产及经营的任务和权利，但同时附带了企业应该遵守的法律责任和遵循的伦理责任。此外，社会还对企业寄予了一些由企业和个人自由判定选择但可能无法明确表达的自愿性期望（如社会慈善），即自由裁量责任。需要指出的是，四种责任的占比和排序并非随意而定，而是呈金字塔式的分布，经济责任处于塔底的基础位置，占据了绝大部分的比例，法律责任在经济责任之上且占比远小于经济责任占比，伦理责任在法律责任之上且远小于法律责任占比，自由裁量责任处于塔尖位置且占比远小于伦理责任占比，如图 5-5 所示。

可见，四种责任的占比和排序并非随意为之，而是经济责任是企业优先选择的责任，其他责任依次排序选择，且四种责任间的界限并不是固定不变的（图中用虚线表示），而是根据企业的排序选择可以调整转化，企业每一种行为都可能同时包含了几种责任。

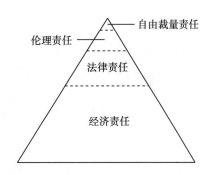

图 5-5　企业社会责任的排序与占比分布

维度Ⅱ（企业涉及的社会议题）：在企业社会责任类别维度分析的基础上，卡罗尔认为需要对企业面临的社会议题进行深刻和全面的讨论。但在不同产业和不同时期内，企业可能面临不同的社会议题。从纵向的时间方向来看，社会发展阶段的新矛盾决定了企业必须关注一些新增的议题，从横向的产业方向来看，行业间可能产生社会议题迥异的情况。因而研究选择的必须是纵向时间和横向产业变化都不会有太多影响的那些议题，卡罗尔提出了 5 个方面的选择标准，具体为社会需要与企业需要的吻合度、社会需要的重要性、企业高管的兴趣、社会行动的公共关系价值和政府的压力。以此为据，卡罗尔列举了 20 世纪 70 年代末的普遍性社会议题（消费者利益、环境、就业歧视、产品安全、职业安全和股东）。虽然当前时代企业面临的社会议题已经发生了变化，但环境议题并未产生关注度弱化的倾向，相反关注度却越来越强烈，更加说明了企业面临环境这一议题的重要程度。

维度Ⅲ（企业社会回应的策略）：在企业社会责任类别维度分析和企业涉及的社会议题维度分析的前提下，卡罗尔重点探讨了企业如何回应社会责任和社会议题的模式与战略，他认为此前把企业回应与企业社会责任画等号是不正确的，面对各种棘手的议题，做出回应的企业未必完全履行了企业社会责任，因而企业回应必然成为企业社会绩效研究的一个重要维度。卡罗尔吸收了威尔逊等的主张，将企业社会回应分成了反应、防御、适应和主动行为 4 种模式，它表现了企业从消极回应到积极回应的态度转化过程。

依据卡罗尔模型的理论框架，企业环境责任在内涵上包括经济、法律、伦理和自由裁量 4 个层次的责任，这实际上就是对企业环境责任"是什么"问题的回答（张亚洲，2014），此时企业环境责任是企业社会责任的一个特例，依然遵循经济责任为首要重点考虑，其他责任重视程度依次减弱的明显特征。企业履行环境责任过程中所采取的反应、预防、防御和主动行动则回答了企业履行环境责任"怎么办"的问题，这也体现了卡罗尔模型在企业环境责任判定中极其重要的作用（卢勇，2008；多丹华和李景山，2012）。

3. 企业自我矫正的方式选择：履行环境社会责任

企业如何回应当前的重要社会议题——生态环境保护，是理论与现实双重聚焦的重点问题。根据卡罗尔模型，企业的环境责任分为经济、法律、伦理和自由裁量 4 个层次，在每一个层次责任的选择中，企业应该选择逃避策略还是履行策略，是本节讨论的主要内容。

企业履行环境责任在经济层面上的关键问题在于成本支付与成本节约的比较（刘学之等，2014）。社会赋予了企业生产和提供产品的权力，一方面，企业的生产必须有人力、资本、原材料、能源等方面的投入，形成了企业生产的私人成本，即企业成本；另一方面，在当前的技术水平下，企业的生产难以做到污染零排放，故会导致负外部性的问题，由此产生社会成本。其中一个核心的问题是，企业直接承担环境责任和间接承担环境责任所产生的私人成本、社会成本的情况是否一致，如果不一致，企业作何选择？

依据薛力等（2017）、黄晓梅（2016）等的研究结论，当企业直接承担环境责任时，其私人成本涵盖了企业履行相关法律法规带来的成本，以及以高于政府环境标准为目标而主动改进环保技术的成本，社会成本除涵盖企业成本本身外，还包括环保技术创新引致的相关成本节约；当企业间接承担环境责任时，其私人成本包括企业履行相关法律要求的环保义务支付和缴纳环保所消耗的水、工业盐等费用，社会成本除包括企业自身成本外，还包括由政府已经投入的环保成本、环境问题引发的社会医疗成本、救济成本等。图 5-6 是对两种情况下的成本情况进行比较。

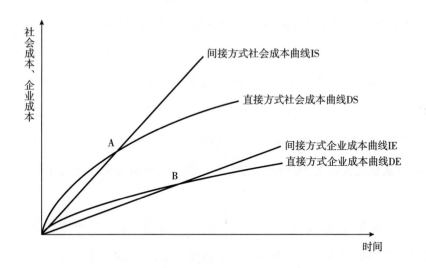

图 5-6　企业承担环境责任直接方式和间接方式的成本比较

依据图 5-6，将直接和间接两种方式下的企业成本和社会成本置于一个坐标中进行分析，便于对企业履行环境责任成本进行比较研究。其中，直接方式下企业和社会的成本线分别为 DE 与 DS，间接方式下企业与社会的成本线分别为 IE 与 IS。在间接方式下，由于企业可能采取多种逃避环境责任的手段和方法，使环境成本更多地由社会承担，因此社会成本要远远高于企业成本，即 IS 在 IE 的上方。此时企业生产排放作为环境问题的根本没有得到企业的对等回应，本应该由企业治本的问题转向由社会进行治标，社会为此而支付的成本占比比例越来越高，总体上 IS 和 IE 为一次线性形态，且 IS 的斜率要远大于 IE，这种情况下由于企业责任的缺位甚至失位，环境治理并不能获得最佳成效。在直接方式下，企业积极履行环境责任，相比间接方式下的逃避状态，企业一开始的环境治理成本会有较大程度的增加，由此导致整个社会成本较间接方式下有较大幅度增加。此时成本投入的规模效应还未凸显，治理的投入产出效果不明显，导致 IE 在 DE 的上方，IS 在 DS 的上方。但随着规模效应逐渐发挥作用，投入产出效果会得到明显的改善，在某个转折点后（如 A 点和 B 点），社会成本和企业成本都会降下来，且低于间接方式下的成本水平。短期内，一些企业决策者只看到企业直接履行环境责任前期支付要高于间接履行的方式，而没有看到后期节约成本远低于间接履行方式，就片面认为履行环境责任会使得企业受损，这种认知缺乏辩证色彩，也未能从全局把握事物发展方向，应予以彻底纠正。

关于企业履行环境责任法律层面的主要问题是承担法律责任能否有效引导企业内化自身生产经营所造成的环境成本和控制企业向社会外化环境成本。依据吴椒军和张庆彩（2004）的观点，企业环境责任的法律结构表现为：一是企业必须依照相关法律规定履行环保义务；二是环保义务不以企业生产经营活动的终止而消失。由此可见，企业环境责任具有法定、可实施和义务延伸的明显特征。法定性约束为企业内化环境成本和控制向社会外化成本提供了基本动力，可实施条件为企业环境责任的履行提供了保障，义务延伸性标准为维护环境法规的公平正义性提供了依据。在这三重特征的限定下，企业履行法律责任主要的目标就是内化企业生产经营活动所造成的环境成本。环境法律规范的强制性是企业履行环境责任的前提基础，它限定了企业合理利用环境资源行为的区间范围，一旦企业的行为超出了这个限定范围，企业会获得反向的法律评价，也必须承担对应的法律后果。实践当中，尽管环境法规从责令停产演进到排污交易，但却都未脱离环境法律规范强制性的初衷，这是企业内化环境成本的直接动因。但企业未必能将所有环境成本内化，在一定的环境法规限定以内，企业内化一部分环境成本，剩余部分的环境成本依然由社会承担，企业仍然存在外化环境成本的行为，由此企业承担环境法律责任存在上限，如何突破这个上限则涉及众多复杂的因素，依然需要深入探讨。

关于企业履行环境责任伦理层面的主要问题是如何重塑人与自然间的和谐、公正关系。环境伦理突破了传统伦理关于人与社会的二维关系，而是把视阈建立在"人—自然—社会"三维动态坐标上（贾丁斯，2002），旨在把公正理念融入各种利益问题的处理中去，并使得各方利益分配达到和保持基本的平衡。这种公正理念涵盖了人际公正、国际公正和种际公正三个层面，是全局视阈下的公正理念融入。首先，环境作为公共物品，任何企业在生产经营中，都需要考虑后续时期、其他民族、相异性别等利益群体的基本环境利益诉求，任何群体在环保过程中都应遵循权力与义务对应、贡献与索取对应、机会与风险对应、恶行与惩罚对应、作用与地位对应的基本伦理原则，力求做到人际公正。其次，每一个国家都在全球气候环境的共同影响下，企业生产经营造成的环境影响随着全球生态系统的循环最终都会波及他国，任何国家都不可能置身事外，所有国家都必须面对全球环境变化的挑战，由此协调和统一国家与国家间环境伦理要素的认知，对环境问题的解决和环境责任履行的国际公正性具有极其重要的作用。另外，企业生产经营对环境的影响不仅是人类的问题，而是在人类发展历程中涉及人类和人类以外所有种类及其生存环境的问题，人类对环境资源的利用和破坏不仅影响人类自身，而且还会对其他种类及生存的环境造成影响。因而，人类中心论在环境伦理层面势必要被推翻，进而需要接受环境中心论，即所有生物和其生存环境都是自然整体的有机部分，且有其自身的价值，人类必须重视环境共同体的利益。

关于企业履行环境责任自由裁量层面的重要问题是企业履行自由裁量层面责任是否能为企业更大程度地赢取社会声望和信誉。企业在履行了经济、法律、伦理层面的责任后，是否还有进一步履行自由裁量责任（如环境保护项目支持）的追求，在某种程度上已经决定了企业是否以最高标准履行环境责任（赵东杰，2012）。企业对环境保护项目的支持会对环境治理本身产生正向的积极作用，同时为企业内部营造更为深刻的环保文化，并吸引更多社会力量（包括企业内部和企业外部）参与环保项目。在信息对称的情况下，社会会对支持环境保护项目的企业进行准确识别和积极的评价，进而为企业赢得更为广泛的社会信任和支持。

以上经济、法律、伦理与自由裁量四个层面的责任履行是一个由基础向高级的递进过程，每向前增进一个层次，都代表企业环境责任履行更上一个台阶，意味着企业自我矫正的程度更增进一步，也表明在环境治理领域市场运行的效率获得了更为彻底的改进。

（二）市场运行中的企业履责条件分析

1. 企业履行环境责任的外在压力条件分析

在有关企业履行社会责任的研究中，外部制度压力的研究是一个焦点。作为企业履行社会责任中重要一维——履行环境责任，其亦然受到外部制度压力的作用和影响（姜雨峰等，2014）。Simpson 在制度压力与减少污染的关系研究中对制度压力进行了较为准确的分类（陈力田等，2018），认为制度压力有三种表现形式，分别为消费者压力、监管压力和竞争压力，三种压力条件会同时产生和存在，且可能相互交织和增强。

从社会消费者的角度来看，社会消费者迫切需要消费高效、节能、健康的绿色实物产品，迫切享有污染少、美化度高、人文关怀丰富的自然环境产品，即消费者对实物产品和环境产品的消费是同步的，并未有割裂。在此情景下，倘若企业拒绝履行环境责任，一方面通过信息非对称优势生产非绿色产品（如三鹿奶粉三聚氰胺超标），另一方面生产经营活动中有意逃避监管排放重度污染物（如腾格里沙漠排污事件），社会消费者会通过强大的舆论谴责和诉诸法律维权赔偿的方式给予出现环境问题的生产企业巨大压力，同时这种压力对其他未履行环境责任的企业产生强大的震慑力，尤其在当前互联网信息时代，信息传播和扩散的速度极快，容易形成强烈的舆论浪潮，来自消费者的压力明显有进一步增强的态势。

从政府的角度来看，政府作为践行环境治理任务的主导者，同时也作为社会消费者的代理人，必然要对环境治理的主体（企业）进行监管。政府的监管方式可能选择比较刚性的生产标准、市场准入、行为准则、环保条例、环境法规等途径，对企业的生产行为进行限定与约束，为企业的生产经营活动划定界限，企业行为若有越线行为，必然要承担越线的结果和后果。政府也可能选择引导式的柔性干预进行监管，如通过财政补贴、税收优惠、设定引导基金等方式引导企业履行环境责任，若由于企业瞒报信息等造成引导失效的结果，企业在政府下一轮引导政策选择中必然处于劣势，这可能迫使企业理性选择履行环境责任。政府刚性与柔性的监管给企业选择履行环境责任带来了不得不面对的监管压力，在人类生产活动与环境资源矛盾越来越紧张的当下，政府的监管亦有从紧的趋势。

从企业的竞争对手来看，竞争者可能选择模仿对手的环境管理实践来提升自己的竞争力。企业作为社会网络中的个体，在与网络中其他成员的交互过程中自然而然地形成了一种模仿的倾向，不仅会模仿它们认为行业中的成功性企业，还会模仿与它们具有紧密社会关系的其他行业的企业。在较高的竞争层面，企业随时可能因为竞争者对自身先进环境管理模式的模仿而失去先前的竞争优势，企业为了保持在竞争中的领先程度，会选择改进环境管理模式，履行更高层次的环境责任。由此，这种对环境管理模式的积极模仿对企业产生了一定的竞争压力。

2. 企业履行环境责任的内在动力条件分析

利益驱动是企业履行环境责任的基本动因，企业作为理性的经济人，只有在能够获取利润的情况下，履行环境责任才有实际价值。制度压力为企业履行环境责任过程中的获利创造了外在条件，但利益驱动的本质是企业追求经济效率，可见经济效率驱动是企业履行环境责任的直接和唯一的内在动力条件。

在履行环境责任的初级阶段，由于存在一定程度的环境规制（外力条件），环境成本的内化抬高了企业生产经营的总成本，虽然企业能够达到较好的环境绩效改进成效，但势必会降低企业的经济效率。依据波特假说，适度的环境规制能够激发企业加强生产经营方面的创新力度，企业的创新直接作用于企业自身的生产和经营活动，会有效地提升企业的生产效率，而生产效率的提升不仅能够抵消环境成本内化造成的总成本上升的部分，而且还可能极大地提升产品的质量和改善产品的美誉度。由此，在履行环境责任的后期阶段，企业可能会获得较好的盈利能力，从而使企业在市场上具有较强竞争力，即环境规制的先动优势效应和创新补偿效应都能得到应验和发挥，企业自然而然将履行环境责任作为其发展战略制定的必然考虑。可见，企业履行环境责任的内在原因在于企业在内化环境成本的后期会获得较高的经济效率，这恰好与企业逐利的本质特征保持一致，因而经济利益驱动是企业履行环境责任最根本的内在动力。

现实当中，企业异质性明显，即企业的组织特征各不相同，如企业规模大小、企业创立的时长、企业的内部结构、企业对待环保的态度、企业上市与否、企业的所有制形式、企业所在的行业、企业发展的阶段等都可能存在巨大差异，企业履行环境责任的内在驱动力也由此不同。规模小、发展阶段处于成长期的企业由于盈利能力弱，可能并不具备内化环境成本的能力，履行环境成本的内在驱动实际上是缺失的，尽管有外在压力条件的存在，但依然难以完全履行环境责任。规模大、处于成熟期的企业则不同，盈利能力和抗风险能力较强的特征使得它们完全具备内化环境成本的能力，基于对企业未来发展战略考虑，这类企业履行环境责任的内在驱动力比较明显，环境治理过程中整个市场运行的原动力往往来自这类企业。

3. 市场运行中"压力"与"动力"共同作用的企业履责

从矫正市场运行的视角将企业履行环境责任这一事项置于市场运行的过程进行分析，是探究跨域生态环境多元共治的重要部分和环节，便于解构生态环境治理中市场运行的运转过程，利于挖掘企业缺失环境责任情况下市场运行受阻的内在原因，有助于找寻生态环境治理中企业在整个市场运行过程中履行环境社会责任的路径。

企业履行环境责任的外部压力条件和内在动力条件都可视为矫正调整市场运行的方式选择，矫正调整同样是通过对市场运行三大要素（价格、竞争、供求）的作用影响来实现的。价格波动（价格机制的作用表现）是生态环境治理中市场运行的核心，生态环境治理中的市场运行必须依靠价格机制发挥作用，价格波动也是供求力量变化的直接体现，价格的涨落能够推动企业及时作出相应的环境决策调整，进而追逐短期和长期利润。当企业达到了内化环境成本的能力条件，其环境决策也会发生相应的改变，为保证长期利润的实现，企业调整产出规模或者改变生产方式，进而对供求形成影响，价格随之波动。可见，矫正力量改变了价格与供求之间双向循环运动的状态。

竞争调整（竞争机制的作用表现）是生态环境治理中市场运行的关键。矫正力量对于竞争的作用依然是通过"优胜劣汰"的法则来实现的，企业越是具有内化环境成本的能力，越能够在激烈的竞争中存活和发展，越是履行更高层次的环境责任，越是能够获得社会消费者的认可和赞誉，生产运营活动也越容易开展，竞争程度变化随即影响供求，供求的变化又会促使新一轮竞争的开始。

供求均衡（供求机制的作用表现）是生态环境治理中市场运行运转的保证。在整个市场运行的过程中，首先必须有供求机制，才能反映价格、竞争与供求关系的内在联系，才能保证市场运行的正常运转。矫正力量对供求的影响可能通过价格和竞争的间接路径实现，也可能通过对供求产生影响的直接路径实现。限制价格、市场准入、垄断管制、调整产出等都是生态环境治理中矫正市场运行的常见方式，这些矫正方式直接或间接地影响供求，进而改变市场运行的状态。

依据以上分析，可以得到企业履行环境责任的市场运行机理，如图 5-7 所示。

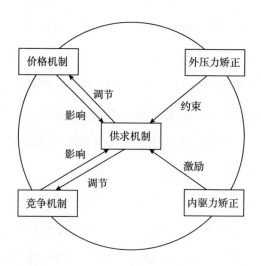

图 5-7　企业履行环境责任的市场运行机理

三、市场运行中的企业履责博弈分析

（一）企业—公众（消费者）博弈模型设定

企业履行环境责任涉及经济、法律、伦理及自由裁量等多个层面的内容，由于现实中信息不对称等原因，很难全方位观测企业履行环境责任的全部过程信息。为了便于研究，本节对企业履行环境责任的经济、法律、伦理、自由裁量4个层面内容进行归统，并对其抽象化，用企业是否生产绿色产品来衡量和判定企业履行环境责任的情况。此处的绿色产品并非普通意义上的生态产品，而是抽象意义上企业履行环境责任的综合表达。用企业是否生产绿色产品作为衡量判定标准，即意味着并不具体考虑企业履行到哪一层面的环境责任，也不区分企业履行环境责任层面的界限。此时，企业有且仅有两种生产方案，即生产绿色产品和生产非绿色产品，不存在部分生产绿色产品同时又部分生产非绿色产品的情况。据此，本节构建市场运行中企业—公众（消费者）博弈模型。

设定企业在一个生产经营期内的产量（假设全部产量都能够立刻被市场吸收，即零库存）为 S，产品价格为 P，单位成本为 C（短期内为 C，但长期内涉及变动成本），外部成本增量为 ΔC，利润总额为 W。当企业生产绿色产品时，产量为 S_g，价格为 P_g，成本增量为 ΔC_g，获得的利润为 W_g，当企业生产非绿色产品时，产量为 S_n，价格为 P_g，成本增量为 ΔC_n，获得的利润为 W_n。则

企业生产经营的一般化利润模型定义为：

$$W = PS - CS - \Delta C \tag{5.1}$$

企业生产经营绿色产品时的利润模型定义为：

$$W_g = P_g S_g - CS_g - \Delta C_g \tag{5.2}$$

企业生产经营非绿色产品时的利润模型定义为：

$$W_n = P_n S_n - CS_n - \Delta C_n \tag{5.3}$$

需要指出的是，ΔC_g 为企业生产绿色产品时改进传统生产工艺、治理生产经营过程中产生的污染等额外增加的外部成本，ΔC_n 为企业生产非绿色产品时面临政府对污染排放和碳排放实施的出发、环境问题纠纷等额外

增加的外部成本。企业生产经营绿色产品和生产经营非绿色产品的单位成本是有差异的，但在模型化研究时，假定两种生产经营方式的单位成本近似相同，而将这种差异融入外部成本增量 ΔC_g、ΔC_n 进行考虑。由于生产绿色产品利于整个社会收益的增加，同时基于社会消费者（理性人）对绿色产品消费体验价值为正向结果的考虑，设定绿色产品的价格高于非绿色产品的价格，即 $P_g > P_g$。

对企业而言，在对社会消费者的产品需求情况（由于存在市场信息不对称的情况，消费者可能由于担心以绿色产品的价格购买到非绿色产品，从而出现购买或者不购买的消费决策）进行预期判定后，企业拥有两种生产策略，即生产经营绿色产品和生产经营非绿色产品。当企业对社会消费者的预期判定为购买，企业生产经营绿色产品的利润为 W_g，额外成本为 $-\Delta C_g$；生产经营非绿色产品的利润为 W_n，额外成本为 $-\Delta C_n$。

对社会消费者而言，由于产品生产经营的信息完全不对称，消费者对产品品质（是否是绿色产品）的判定并不容易。尽管绿色产品的价格和包装都可能有别于非绿色产品，但企业依然可以通过不正当手段将非绿色产品伪装成绿色产品，从而达到以次充好牟取额外利润的目的。所以研究过程中假定消费者只能在对产品进行消费后才能依据消费体验来判定产品品质，消费者在消费产品以前并不能准确识别所要消费的产品品质。

消费者在产品消费过程中，始终保持了追求效用最大化的理性目标，不仅追求产品本身功能和功效方面的体验价值，还追求产品是否是绿色产品方面暗含的环境体验价值。无论是绿色产品还是非绿色产品，一旦消费者做出购买的消费决策，即意味着消费的效用大于零，即假定消费者消费绿色产品的效用为 U_g，消费非绿色产品的效用为 U_n，则有 $U_g > 0$，$U_n > 0$。从成本投入、价值体验和环境保护等方面来判定，一般情况下，消费者对一单位绿色产品的消费效用要高于对一单位非绿色产品的消费效用。假定在绿色生产经营技术不断升级的情况下，消费者对绿色产品的消费偏好不会受到价格因素的影响而发生改变，则市场运行中企业与社会消费者博弈策略选择如表5-1所示。

表5-1　市场运行中企业与社会消费者博弈策略选择

企业策略 消费者策略	生产绿色产品	生产非绿色产品
购买产品	U_g, W_g	U_n, W_n
不购买产品	0, $-\Delta C_g$	0, $-\Delta C_n$

从企业与消费者博弈的支付矩阵可以明显看出，无论企业是否生产经营绿色产品，社会消费者的占优策略一定是购买产品，此时企业的占优策略主要由生产绿色产品和生产非绿色产品的利润来决定。由于利润的驱使以及成本变动情况的不确定性，企业在短期与长期两种情况下的生产经营策略可能不同，因此对企业占优策略的分析需要从短期和长期来比较生产和不生产绿色产品时的利润情况。

（二）企业—公众（消费者）短期博弈

短期内企业对产品的市场投放及生产经营中的污染排放会经历一个"积累"的过程，政府出台相关环境规制政策也有一定的时滞，因此在不考虑政府环境规制政策的情况下，由于生产绿色产品的技术投入更大，企业生产绿色产品的成本增量会大于生产非绿色产品的成本增量，即 $\Delta C_g >$

ΔC_n，但现实中一个单位绿色产品的价格往往高于一单位非绿色产品的价格，即 $P_g > P_n$，所以企业生产经营绿色产品和生产经营非绿色产品的利润并不确定，可能为 $W_g > W_n$，也可能为 $W_g \le W_n$，下面对这两种情况下企业—社会消费者博弈均衡进行求解。

1. $W_g > W_n$ 时的博弈均衡解

当 $W_g > W_n$ 时，企业会面对消费者既定占优策略的生产经营选择问题。假定交易成本为零，只要消费者的效用为正，即 $U_g > 0$ 和 $U_n > 0$，无论企业生产经营绿色产品还是非绿色产品，消费者都会选择购买产品（包括绿色产品和非绿色产品）作为占优策略。此时，企业没有占优策略，其最优生产经营策略依赖于消费者对绿色产品或者是非绿色产品的选择，即如果消费者更关注自身健康和环境保护，倾向于购买绿色产品，企业的最优策略为生产绿色产品。如果消费者更关注产品本身的经济实惠特征（廉价），倾向于购买非绿色产品，企业的最优策略为生产非绿色产品。如果企业当且仅当只生产非绿色产品时，由于消费效用为正，消费者也会选择购买非绿色产品。可见，无论企业的策略如何变化，消费者都会选择购买。企业如果选择生产绿色产品会获得 W_g，消费者购买绿色产品会获得 U_g，企业获得更高利润、消费者获得更高效用的同时，由于绿色产品生产和消费的正向外部性使整个社会福利增加，产生了帕累托改进。由此，此时企业最好的决策方案是生产经营绿色产品，则最优均衡解为 (U_g, W_g)。

2. $W_g \le W_n$ 时的博弈均衡解

当 $W_g \le W_n$ 时，企业同样会面对消费者既定占优策略的生产经营选择问题。同样假定交易成本为零，对消费者而言，企业无论生产绿色产品或者非绿色产品，由于 $U_g > 0$ 和 $U_n > 0$，其占优策略为购买。对企业而言，如果消费者倾向于购买绿色产品，由于生产非绿色产品的利润高于生产绿色产品的利润，基于企业作为理性人的考虑，企业会选择生产经营非绿色产品。如果消费者倾向于购买非绿色产品，企业更会选择生产经营非绿色产品，而且是仅生产非绿色产品。在这种情况下，可能会有消费者意图购买绿色产品从而获得相对更高的 U_g，但企业却仅仅生产非绿色产品，只能提供给消费者相对较低的效用 U_n，存在整个社会福利未能得到改善的情况，即帕累托改进未能实现，生产非绿色产品没有引致利好的外部性和整个社会福利的提升。此时，企业的最优方案是生产非绿色产品，企业与社会消费者的博弈存在唯一的均衡解（U_n，W_n）。

由以上的分析可知：当 $W_g > W_n$ 时，企业生产绿色产品，当 $W_g \leq W_n$ 时，企业生产非绿色产品。在现实中，由于绿色产品的前期投入很大，巨大的投入成本需要在当期和后期进行分摊，企业要在这种情况下依然保持 $W_g > W_n$ 的条件，就需要极高的投资回报率，但高回报往往伴随着高风险，生产经营性企业一般鉴于风险控制和稳定发展的考虑，不会盲目追求极高的投资回报率，所以当期内实现 $W_g > W_n$ 的条件很苛刻。对企业而言，短期生产非绿色产品将是其最优的策略选择。

（三）企业—公众（消费者）长期博弈

长期的情况有别于短期：一是生产经营时间周期发生了变化，短期主要考察的是一个生产经营周期，而长期是考察多个生产经营周期；二是随着绿色生产技术的不断进步，社会消费者的消费偏好会发生转变，由单纯考虑产品的经济功效慢慢转变到更注重产品的绿色品质。当企业只提供非绿色产品时，消费者由于偏好的改变将逐渐减少对非绿色产品的购买甚至停止购买，此时企业在后续生产经营周期内的利润可能减少至零，企业倾向于生产经营绿色产品。鉴于此，本节主要分析长期内企业生产经营绿色产品时的博弈情况。

当企业生产经营绿色产品，由前期设定的模型可知，每一个生产经营周期能够获得的利润为 W_g，假定平均贴现率为 t，用 W_p 表示企业长期利润的现值，则有：

$$W_p = W_g + W_g(1+t)^{-1} + W_g(1+t)^{-2} + , \cdots , + W_g(1+t)^{-n} \tag{5.4}$$

通过简化有：

$$W_p = W_g \frac{(1+t)}{t} \tag{5.5}$$

考虑到企业生产经营绿色产品的必要条件为 $W_p > W_n$，进而有：

$$\frac{W_g}{t} > W_n - W_g \tag{5.6}$$

根据以上的模型，尽管是在长期内，企业生产经营绿色产品和生产经营非绿色产品的利润依然是不确定的，可能为 $W_g > W_n$，也可能为 $W_g \leqslant W_n$。现分两种情况讨论企业实际利润对企业生产经营绿色产品决策的影响。

1. 当 $W_g > W_n$ 时，由于企业逐利的本质，W_g 和 W_n 都为正

当企业生产经营绿色产品时，条件 $\frac{W_g}{t} > W_n - W_g$ 必然满足，即所获的长期利润（可用现值 W_p 进行表示，意味着对长期总利润的每期平均化）总是高于生产经营非绿色产品时所获的短期利润。此时，企业为了长期稳定地获得较高利润，无论消费者选择购买或者不购买的策略，都会在每一期的决策中选择生产绿色产品，而此时消费者为使其效用最大化，也必然选

择购买的相对应策略，即最优均衡情况为（U_g，$W_g^{*①}$）。此博弈过程为循环博弈，而且会无限次循环，企业在博弈中占据主导者的角色，消费者为跟随者角色，即消费者策略受到企业策略的影响。

2. 当 $W_g \leqslant W_n$ 时，情况相对比较复杂

当 $W_g = W_n$ 时，即生产绿色产品的利润和生产非绿色产品的利润一致，这是比较特殊的情况，从经济利润的角度来看，企业生产经营绿色产品或者生产经营非绿色产品的回报是相同的，t 取大于零的任意值，$\frac{W_g}{t} > W_n - W_g$ 的条件都成立，即无论贴现率高低，企业都会生产经营绿色产品。当 W_n 趋于 W_g 时，即生产经营非绿色产品的利润无限接近生产经营绿色产品时的利润，t 取特别小的值，可以确保 $\frac{W_g}{t} > W_n - W_g$ 的条件成立，即只要贴现率在很低的水平时（甚至低于平均投资回报率），企业依然会选择生产经营绿色产品。当 W_n 远大于 W_g 时，即生产经营非绿色产品的利润远远超出生产经营绿色产品时的利润，只有 t 取得很大的值，才能确保 $\frac{W_g}{t} > W_n - W_g$ 的条件成立，即贴现率必须处在很高的水平上（远远高于平均投资回报率），才能确保企业作出生产经营绿色产品的决策，这样企业面临着较大的投资风险，企业一般会规避这样的风险，转向生产经营非绿色产品或者停产，且生产非绿色产品利润与生产绿色产品利润差不超过 $\frac{W_g}{t}$ 时，才会生产绿色产品。从社会消费者的角度来看，消费者在博弈中关注的是自己的支付成本和最终效用，如果消费者购买到用非绿色产品伪装而成的"绿色

<hr/>

① 此时的 W_g^{*} 不同于短期情况下的 W_g，它是长期情况下平均化利润水平，为了与前期的模型相对应，故形式上保持一致。

产品"，就会判定企业在长期内都生产经营非绿色产品，因而选择不购买的策略，同时随着消费者收入的提高，绿色产品消费的意识逐渐增强，绿色产品消费会取代非绿色产品消费，最终选择消费绿色产品。因此企业在长期内必然会以生产绿色产品为目标，企业与社会消费者博弈的最优均衡情况依然为（U_g，W_g^*）。

（四）企业—公众（消费者）均衡评析

根据短期内和长期内企业—公众博弈过程可以看到，企业与消费者始终围绕着"企业履行环境责任和消费者如何回应"的矛盾展开博弈，双方在博弈过程中表现出一种相互影响和相互制约的关系。短期内，企业迫于生产绿色产品的前期投入过大、承担风险过高等因素，自然而然地选择实现短期利润最大化的目标，生产非绿色产品，逃避履行环境责任，这是企业作为理性人的必然选择。长期内，随着绿色市场经济体系的逐渐完善，消费者的消费偏好随即发生转变，消费者对环境保护的绿色消费意识进一步提高，会选择购买绿色产品，这为企业生产经营绿色产品提供了外推力，企业基于保持长期稳定的利润获取，和履行环境责任的深层考虑，会在停产和生产绿色产品之间做出理性的选择，这为企业生产和经营绿色产品提供了内驱力，在双重动力的作用下企业必然选择生产经营绿色产品，这同样也是企业作为理性人的必然选择。可以说，无论短期还是长期，市场运行中企业—公众（消费者）博弈都达到了利益相对均衡的状态。

由此，在政府介入（规制与引导）既定的情况下，市场运行中企业—公众（消费者）博弈的相对均衡过程如图5-8所示。

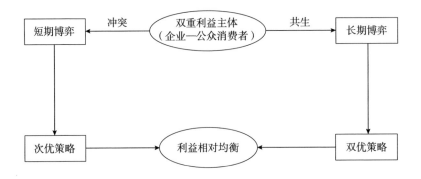

图5-8 市场运行中企业—公众（消费者）博弈的相对均衡过程

四、本章小结

本章将企业履行环境社会责任置于市场运行过程中进行分析，便于探讨跨域生态环境多元共治机制的企业履责机制。先对传统市场运行理论进行了梳理分析，在开放性系统条件下讨论了传统市场运行理论拓展的问题，将矫正调整的因素加入到传统市场运行过程中，较好分析了市场运行过程中企业履责问题。接着在跨机构消费者域和个体消费者域背景下分析了企业在市场运行中履行环境社会责任的动因，引入卡罗尔模型和采用成本比较的方法详细分析了市场运行中企业环境社会责任的形成机理，并分析了企业履责的外压力条件履责、内驱力条件履责及内外力共同条件履责的情况。最后设定企业—公众（消费者）博弈模型分析了市场运行中企业履责短期博弈情况和长期博弈情况，发现在政府介入（规制与引导）既定的情况下，市场运行中企业—公众（消费者）博弈无论是在长短期总能达到相对均衡的状态，企业有义务为生产经营过程中造成的环境污染埋单，有责任为消费者生产出更为环保健康的高品质产品，有动力选择长期生产经营中的绿色化模式，在政府主导方向既定的前提下，企业能够通过强化自我矫正进而履行环境社会责任的途径促使市场发挥更好的作用。

第六章

跨域生态环境多元共治之公众参与机制

环境问题的根本是利益权衡分配问题（杜健勋和陈德敏，2010；杜健勋和秦鹏，2012）。在实施环境规制决策的过程中，地方政府偏好与政绩、民生相关的政治经济利益，社会公众偏好与生存、健康相关的环境利益，而中央政府作为偏好中性的一方，始终扮演着利益仲裁者和监督者的角色。由此，社会公众参与环境治理的本质是公众—政府基于利益偏好的选择与调整问题。在这一问题的研究中，需要注意的是公众参与机制中的公众不仅是指法理意义上的个体公民（不包括政府官员），也包括由个体公民组成的社会团体、营利性组织、专业服务型组织等非政府组织，此处的"公众"是一个宽泛化、抽象化的概念。在理论化研究过程中，为了更为清晰地解构跨域生态环境多元共治之公众参与机制，本章更为关注的是抽象化后的"公众"参与环境治理的机理过程和公众—政府演化博弈的路径。

一、公众参与环境治理的理论基础

（一）公众参与环境治理的法理学基础

从已有的文献来看，关于公众参与环境治理价值基础方面的研究多是从法哲学的视角来探讨和研究。柴西龙等（2005）认为环境秩序的建立是环境公平、环境效益、环境正义等环境价值层面内容的延伸和归结，其中任何一个环节都是以人类整体自身发展作为环境受用客体，仅由政府、企业组成的环境治理体系显然忽略了公众参与环境治理的价值所在，不能够保证环境公平、环境效益和环境正义，也难以构建良好的环境秩序。由此，公众参与环境治理实质是需要在环境治理问题上形成"人人参与、处处参与、时时参与"的机制，并能够以实现公平、效力、正义和秩序作为价值基础。马克思曾指出："人类奋斗所争取的一切，都与他们的利益有关。"如果环境治理的结果仅满足了一部分人的利益需求，而忽略了社会公众的利益需求，那么环境利益无论是在当代人之间的分配还是在代际之间的分配，其公平性和正义性都不存在（周卫，2010）。在对经济利益与环境利益的调整和安排中，如果没有有效合理的决策标准，没有各方利益主体之间的争论和博弈，最终也极有可能陷入强势一方群体决策的窠臼，这样的结果难以避开非理性和偶然性包裹的"荒诞"（章晓霞，2004）。尽管环境立法提供了形式上的标准，但由于其明显的一般性和未来指向性特征，使得仅以立法途径难以协调和解决环境利益主体间的各类冲突与复杂矛盾，因此公众参与环境治理和参与环境利益分配必然成为环境公平标准的主要内容。同时，环境效率在环境治理参与公平的基础上得以保证，只有充分考虑环境资源的整体性边界，并能够在各类环境利益主体间予以科学合理的分配，才可能实现环境效率最大化的结果。可持续发展理念更是夯实了公众参与环境治理提升环境效率的判定基础，缺失了环境公平和环境正义，在不平等、不公正基础上获得的环境效率归根结底是低效率甚至没有效率的。可见，在高度文明的现代社会，唯有坚守环境公正的前提，才有提升环境效率的结果。对价值基础的探究成为公众参与环境治理法理学方面的基本理论，随着这一理论的不断演化，进而产生了环境权理论、环境公共财产理论、环境利益博弈理论等，且这些理论共同构成了公众参与环境治理的法理学基础。

环境权的提出是公众参与环境治理法权化的结果，环境权理论旨在说明所有公民都具有在一国内良好的生态环境中生存的权利，且这种权利是公民享有的最基本权利之一。联合国于1972年召开了具有标志性意义的人类环境会议，并通过了著名的《人类环境宣言》。宣言中指出："人类有权在一种能够通过尊严和福利的生活环境中，享有自由、平等和充足生活条件的基本权利，并且负有保护和改善当代和后代环境的庄严责任。"即表明环境权已得到了国际上普遍性的认同。学术界对环境权内涵和外延的判定并未达成一致，但就其作为一种普遍性、程序性的法权，其要义为公众参与环境保护与决策的认知却是高度统一的，可见公众参与国家主导的环境决策是环境权的根本所在。本质而言，公众参与环境治理的实质是公众环境权与国家环境行政权的平衡问题，一方面公众参与成为国家治理环境方面不可或缺的重要助推和补充力量，另一方面公众参与成为国家治理环境方面必要的监督和控制构成，两个方面的作用保障了政府更好地行使环境行政权。

环境公共财产理论脱胎于经济学中的公共物品理论，认为环境问题的根源在于人们一直所坚持的环境资源所有权和适用权的认定和判定不够准确严密（张会萍，2002）。萨克斯和王小钢（2011）提出了环境公共财产与公众信托理论，该理论认为不能将空气、阳光、水等环境资源视为"取之不尽、用之不竭"的自由财产，更不能将其视为所有权的客体，而是应当将其界定为全社会的共同财产。这一理论的提出为私有环境财产划定了界限，使得任何个体都不能肆意滥用和破坏公共环境资源；同时公众与政府在环境资源利用和环境污染治理中的关系是典型的信托关系，公众委托政府对环境进行管理，但实际上由于政府在环境管理方面的局限性，公众对政府的信任是有限的。由此，环境的公共财产特性与有限的公众政府信任使得公众参与环境治理成为必然。

利益相关者理论直接促生了环境利益博弈理论（金漩子，2015）。虽然环境利益博弈理论产生和发展的时间并不长，但对公众参与环境治理在法理意义上的支持是至关重要的，并在某种程度上构成了环境治理过程中公众参与机制的直接理论基础。环境利益博弈理论认为环境管理的制度是一个内生的变迁过程，整个社会对制度变迁的需求是环境制度变迁的最主要驱动力。正是由于社会发展中各利益主体间经过了争论、博弈到均衡的完整过程，才使得环境制度最终能够顺利确定和颁布，且有效地解决了环境利益主体间的重重矛盾。这意味着环境利益相关者博弈分析有助于政府在复杂环境问题上合理决策，利于发现各环境利益主体间的相互影响和制约作用，便于政府在决策中有效预测可能发生的冲突和矛盾。社会公众作为环境治理过程中的重要力量，构成了更关注自身健康与生存的环境利益主体，公众参与环境治理对政府管理环境事务而言，也是极其迫切的需要。

（二）公众参与环境治理的经济学基础

依据现有的文献，大量关于公众参与环境治理的研究都是从法理学的角度进行分析，从经济学角度对这一问题的分析和梳理较少。公众参与环境治理的价值基础和法理依据已在本节上一部分进行了较为系统的论述，而从经济学方向来分析公众参与机制，其回答公众参与环境治理的经济学依据，显然成为一个不可回避的问题。从经济学视角来观察，公众参与环境治理的原始动因在于环境问题的外部性，即生产者在生产和经营过程中对环境产生的或好或坏的影响，且触及到生产者以外各主体的环境利益（周晓丽，2019）。具体而言，由于当前生产技术水平的限制，工业生产过程中会产生污染排放，且会对环境产生负面影响，环境恶化进而会影响生产者以外未参与生产经营的"无关"人员的健康生存和相关利益，造成负外部性影响。环境污染负外部性问题常常伴随着市场失灵，从而导致市场机制不能有效地配置资源，尤其对于环境这类特殊物品而言，市场机制可能会完全失去调配资源的作用。为了避免使市场机制陷入无效的境地，经济学家的一致观点是将外部性内部化（郭进和徐盈之，2020），即把未参与生产经营的"无关"人员引入到生产经营的过程中。这种"引入过程"便是经济学领域关于公众参与环境治理的思想根源所在。

将外部性内部化成为解决环境问题的一致性思路，但关于将外部性内部化的路径选择却存在争议。庇古较早提出了将负外部性的社会成本单方面由生产者内部化的思路，即生产者赔偿"无关"人员的损失或者政府对排污的生产者进行征税。由于生产者赔偿"无关"人员的方式本身缺乏约束力和监督力，所以政府征收庇古税让外部性内部化，从而使生产获得帕累托改进是最好的选择。科斯对庇古的解决方法提出了深刻的批判，认为庇古的方法将环境改进片面地看成是单方面的问题，解决问题的途径也仅是单方面征税，缺乏对问题的深刻和全面的认知。环境问题在生产者和"无关"人员之间是相互的，让生产者避免对"无关"人员造成损害对生产者来说也是一种损害，问题的关键不在于如何避免这样的损害，而是需要清晰地确定产权。当交易成本为零时，无论产权界定于何方，问题总能通过协商谈判进行解决，且生产也能获得帕累托最优改进。

　　科斯的思路从理论上来说是一个完美解决环境问题的选择，但实际上交易成本不仅不可能为零，而且更多时难以估量，搜寻信息、达成契约、实施契约都将是无可回避的巨大交易成本，这给环境产权的界定者（政府）造成了非常高的要求，实际上科斯的方法并不容易实现。研究者在此背景下转而对政府行为进行深入研究并达成了较为一致的结果，斯塔林（2012）等认为环境保护实质上和国防、教育等一样都属于典型的公共产品，政府提供公共物品经常处于低效率状态，因此不能完全排除和阻断私人对公共产品的供给，政府可以通过与非营利性组织和私人部门组织签订合同取得相应的公共产品和服务。赛拉蒙（1998）等认为由于市场失灵与政府低效率同时存在，犹如环境保护方面的公共物品无法满足公众的需求，进而公众通过自力的组合来填补这一需求的空当，在这一过程中，非政府组织或第三部门快速发展，并成为环境治理过程中不可或缺的一方力量。由此，环境保护的公共物品属性和不排除私人部门供给的显性特征，成为从经济学视角分析公众参与环境治理的理论出发点。

　　一个更为深刻的拷问是，现行行政机构运行普遍被认为是社会公众委托下的行政代理人行使国家权力，那么公众既然已经可以通过投票、表

决、听证等间接方式参与到环境治理决策中，为何还需要通过更为直接的
途径参与？其正当性何在？经济分析的启示何在？问题就在于，现代公共
机构所呈现的权力性已经超越了共同性。一般而言，鉴于法制意义上的考
量，公共机构应以坚持民主精神为首要原则，公众的共同性意志能够在公
共行政机构得到顺畅和有效的反映，但实际情况往往违背了这一层考量，
公共行政机构事实上是权力机构。此情形下，一方面这些权力机构的决策
容易受到生产者（环境污染者）利益集团的影响，从而原本致力于环境保
护和治理的决策就会偏离维护公众环境利益的方向；另一方面基于就业、
政绩、升迁等各方面因素的考虑，这些公共行政机构更倾向于经济利益的
获取，两个方面的原因造成了环境治理过程中"政府失灵"的非期望结
果。国外学者对此进行了较为深刻的解释，认为环境资源作为典型的公共
资源，其在市场体制中难以受到保障，政府进行公共干预是必要的，但是
现实中利于环境政策确定的人才支持是不充足的，即便人才支持是充足
的，迫于市场压力（环境政策的实施可能引发民间投资减少和失业增加），
环境政策也难以推进。同时，基于本届政府在下一届赢取选票优势的考
虑，政府必然不会实施挫伤经济增长的调控政策。另外，大企业实力越强
则越容易形成权力核心，尤其是国有企业更能够轻松地规避环境管制。总
之，在环境治理过程中纠正"市场失灵"的政府行为最终变成"政府失
灵"，公众有效参与环境治理成为必然的选择。

二、跨域背景下公众参与环境治理的机理分析

　　综观现有关于环境治理方面的研究，相关研究颇多，环境治理结构与治理主体交互视野下的结构—行动者思路成为贯穿于相关文献中的主体逻辑，行动主体和空间场域成为此领域研究最为核心的两个构成要素。行动者在特定的场域内围绕自身角色定位和社会互动逐渐形成了特定的制度规范和实践逻辑，并逐渐通过主导、嵌入等路径形成新的治理机制，即环境治理的公众参与机制。而在我国当前，公众参与环境治理的理念已经逐渐在向实践层面落实，这一动向得到了理论方面和实践方面的广泛关注。较多的研究对此从制度层面进行了回应，但是多数分析仍未完全脱离政府全盘控制型的环境治理思路，只关注外在结构因素，未能从公众行动者的特征（个体属性）进行考察，尤其是很少将公众个体心理层面的因素纳入研究结构中，使得环境治理中公众参与的动因、过程与途径等实质性问题未能得到很好的分析（曾粤兴和魏思婧，2017）。

　　本章依据现有研究情况，以中国特有的政府引导公众参与环境治理的语境为主来探讨公众参与的内在机理。需要注意的是，中国在参与环境治理过程中面对的是中央和地方两级政府，即跨中央政府域和地方政府域。具体来看，中央政府和地方政府的利益倾向可能出现不一致的情况，中央政府更倾向于经济、环境的平衡发展，即又好又快发展；地方政府基于政绩考虑可能存在对中央环境政策落实不力的情况，地方政府明面上在落实

中央的环境政策，但实际上并未对污染企业进行规制。因而，在中央政府未进行督察的情况下，环境政策往往落空，政府引导公众参与环境治理①，主要是将环境利益分配权部分转移给公众进而利于抗争和抑制地方政府隐性共谋。

从我国当前的治理情况来看，较长期以来形成的二元治理惯性仍然存在，公众在环境治理中对政府的依赖关系很难立刻转向和主动转向，形式上仍表现出政府引导公众参与环境治理的情形。在政府的有效引导下，公众获得可以主动获得环境治理的议价能力，为政府与公众的合作关系奠定基础。由此，跨域背景下我国公众参与环境治理整体表现为"赋权—认同—合作"的机理过程，如图6-1所示。

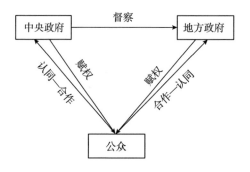

图6-1　跨域背景下公众参与环境治理的机理过程

（一）赋权：主体意识与参与自信的培育

马克斯·韦伯提出了工具理性和价值理性，工具理性是指行动只由追

①　此时假定地方政府完全落实并贯彻了中央政府关于引导公众参与环境治理的决策，中央和地方两级政府对公众的引导是同步的。

求功利的动机所驱使，行动借助理性达到自己需要的预期目的，行动者纯粹从效果最大化的角度考虑，而漠视人的情感和精神价值；价值理性相信的是一定行为的无条件的价值，强调的是动机的纯正和选择正确的手段去实现自己意欲达到的目的，而不管其结果如何。在当前的环境治理领域，以结果为导向和治理程序化的特征明显，更多依赖"政府直控"追求环境治理快速见效并实行逆向追责的环境管理制度，表明了工具理性成了环境治理的优先思维，但这种扩张性和过渡性的工具理性应用使得相应的环境建设在很大程度上忽略了公众个体作为人本身的价值和关怀，同时价值理性在环境治理过程中始终处于缺失状态。在政府自上而下方式引导的背后，是政府治理理念转型之路，公众参与的激励动机不足①、社会规范制约缺位②等可能得以改善。因为公众个体心理动因构成是决定公众行为（公众参与环境治理）的最根本性因素，无论是价值关怀问题、利益激励问题还是规范约束问题，归根结底都是公众作为环境利益主体在环境治理过程中参与缺失的后果和结果。长期形成的主体意识缺失和信心缺失只有用参与回归即赋权的方式进行回填，才能真正将政府的外部引力转化成公众愿意参加环境治理的内在动力。

不同于西方"自下而上"的公众参与治理方式，我国公众参与环境治理受政府直控型治理理念影响往往是"自上而下"式的方式选择，因而，

---

① 张同斌等（2017）认为环境治理中的物质激励缺失与精神获得感缺失会迫使公众做出"搭便车"的理性选择，即公众尽可能规避风险和降低成本，欲以最小的代价追求效益和价值的最大化，结果限制了参与环境治理积极性的发挥。详见张同斌，张琦，范庆泉．政府环境规制下的企业治理动机与公众参与外部性研究［J］．中国人口·资源与环境，2017，8（2）：36-43.

② 辛方坤和孙荣（2016）认为诸多社会规范因素直接或间接地影响着行为意向，其中"他人示范"的作用甚为明显，公众"政府依赖"虽然是个体层面的，但却具有显著的集体一致性，进而导致公众主体的集体不作为。详见辛方坤，孙荣．环境治理中的公众参与——授权合作的"嘉兴模式"研究［J］．上海行政学院学报，2016，9（4）：72-80.

重新设计环境治理的行政过程，即对公众赋权进而参与到环境治理的方方面面，成为公众与政府信息互通、拓宽参与渠道的关键内容。赋权即为授予公众在环境治理中享有知情、表达、参与、决策和监督的充足权力，能够让公众深度参与到环境治理的全过程中。成功的赋权行为不仅表达了政府对公众参与环境治理主体地位的承认，而且意味着公众自身对参与环境治理的自我承认。在这种双重承认的环境下，公众参与环境治理的主体意识将快速觉醒，参与环境治理的自信也将逐步建立。科学合理地设计环境治理行政过程，是公众参与环境治理实操化的前提，一方面是要保证公众与政府之间的信息互通，政府需及时公开环境治理的策略、过程与结果，并积极与公众进行信息互动，政府向公众传递环境治理的行政运作信息，公众同时向政府反馈微观层次的生态环境信息，使环境治理的信息获取成本大幅降低，确保公众表达环境治理诉求和争取政府支持的主体愿望能够得到回应。另一方面是政府能够有效引导公众参与环境政策制定与实施的全部过程，使得公众能够将自身的环境意愿和环境诉求制度化表达，并能够实现较为广泛的传播和推行，比如以民主、平等和对话的原则，由政府代表、企业代表、技术专家、非政府组织和居民代表等共同召开环境治理圆桌会议，对环境政策制定等事项通过论证、协商进行最终决策，也可以依照实际经验探索公众对污染项目审批决策的否决权应用。实质而论，赋权更好地体现了公众—政府平等互换信息的过程，是政府对公众作为环境治理行为主体的认可和尊重，公众参与的深度认同感容易被激发，从而能够由被动应付转为积极作为，其态度越积极则参与环境治理的意愿将更强烈。

（二）认同：环境意识与价值观念的强化

在影响公众环境行为的因素中，物质激励和成就感满足是最为重要的两个动机，只有当赋权的前提能够达到，这两个动机才有实践落实的可能，这也分别回应了公众参与环境治理的工具理性导向和价值理性导向。工具理性导向下的环境治理也许是及时高效的，但价值理性导向的环境治理更能促使环境公平和利益分配均衡。现有大量的研究将公众假设为理性经济人，从物质激励的角度来构建公众参与环境治理机制，认为物质激励是政府引导公众参与环境治理的高效途径（向玉琼，2020）。但是理性经济人仅仅体现了公众个体的部分属性特征，未能体现公众个体的社会价值追求，即践行社会责任的成就感价值。以物质激励为代表的工具理性回应从外在被动地满足了理性经济人的需求，但难以从根本上影响公众参与环境治理行动的目的，而只有当成就感价值目标没有达到时，物质激励才显得更为重要。可见，在价值理性导向下形成和强化公众的环境意识和价值理念是促成公众参与环境治理行为意向的根本性动力，而政府给予公众参与环境治理价值或直接或间接的认同构成了激发这种根本性动力的保障。

从马斯洛需求层次理论来看，认同属于高层次的需求，能够促进更深层次的信任和产生更高层次的激励。在政府引导公众参与环境治理的过程中，政府对公众环境行为的称赞、宣传、奖励等属于直接认同的途径，是对公众参与环境治理行为的肯定。实践中，直接认同通过多种表现形态实现，政府部门经常采用的表扬信、评选优秀、评选先进等精神激励方式是最为直接的认同表达。在当前公众参与环境治理的人员构成中，退休人员和在校大学生为主要力量，这些群体扮演了获得"表扬"、"优秀"、"先进"等获奖体验者的角色，对其环境意识和价值理念形塑和强化的研究分析，将为政府对其他群体参与环境治理的认同路径修正提供最好的参考。但直接认同的路径不限于严苛条件评选出的获奖者，称赞、崇敬和利他主义的道德化路径也是较好的选择，各级政府与社区组织通过海报、媒体、宣传栏、宣讲会等不同方式给予公众参与环境治理的个体和组织报道、肯定、宣传，使得公众个体或组织更好地获得参与环境治理的成就感和自信心，从而不断提升参与的热情。

在直接认同以外，通过对典型个体和组织的认可和激励而形成的具有明显示范效应的过程构成了间接认同，间接认同中的"他人示范"是影响公众环境行为意向的核心动机。不可否认的是，我国历来就是一个"能人治理"的社会，公众参与环境治理概莫能外，无论是投身于环保事业的长者、公共人物或公益人士，还是致力于环保事业的大学生志愿者，都是在社会人群中具有一定影响力的示范者，他们充分发挥在环境治理领域的示范效应，能够极大化地获得所在群体的情感认同和支持，从而能更为广泛地吸收和培育公众参与环境治理。同时，"示范人物"的典型事迹传播利于营造公众参与环境保护与治理的积极氛围，也利于公众参与环境治理自信心的增强。当前，我国部分农村地区的"熟人社会"形态依然存在，社会资本发育的土壤较好，完全可以依托这一有利的土壤，通过已有的行为规范、社会网络和信任积累来促发相互认同激励和增强信心。但当前城市的情况截然相反，"陌生人社会"形态特征越来越突出，公众个体之间难以像"熟人社会"那样通过社会资本土壤形成公共环境精神，因而必须在"越来越陌生"的城市社会中构建"他人示范"的非正式规范。

（三）合作：共同治理合作伙伴关系的构建

经过赋权和认同后，公众—政府环境治理的合作伙伴关系构建成为一种必然的选择。在环境治理的合作伙伴关系构建过程中，公众与政府间相互依赖和需要。对政府而言，与公众合作可以改进政府环境公共品供给不足的困境，有利于减少政府在政治信任和财政收支方面的压力和危机；而对公众来说，通过合作能够得到政府稳定的政策支持，也可以更好地践行价值理性导向下的环境意识和价值观念。公众与政府同时活跃于环境治理中，为共同一致的环境目标追求而构建合作伙伴关系，实现共同利益的维护和实现。在这样的背景下，公众不再仅听从于政府的规划和安排，而是作为与政府平等的主体参与环境治理中，公众—政府在环境治理中的关系也由从指令到执行的单向关系改变为"平等、协商、合作"的双向伙伴关系，这意味着政府对环境治理的模式由直接控制型转变为与公众合作型，环境治理结构进而得到了重构和改进。

在环境治理中引入公众主体力量，并满足公众主体保持与政府主体一样的平等性，这利于环境治理活动实现更为有效的分工。在这个过程中，公众不同于"直接控制型"模式下只能扮演环境任务执行者的角色，而是有足够的权力空间来独立负责某一活动领域。公众参与角色和身份的变更使得公众参与环境治理的优势完全凸显，即公众在社会微观事务运行中的效率更高。政府在环境治理过程中更擅长宏观管理方面的环境政策制定、相关条例发布和协调指导服务等事务。公众与政府各自的显著优势促使了公众—政府在环境治理中的明确分工，即公众置身于微观事务中，政府置身于宏观管理中。详细明确的分工构成了公众—政府合作伙伴关系，也深度增进了彼此的合作信任程度，从而使得政府对公众由"不完全信任"变为"完全值得信任"，由"干预"转向"合作"，由此两者的职能范围需要被重新界定，政府确有必要让渡空间给公众。

在环境治理过程中要成功构建合理有效的公众—政府合作伙伴关系，

一方面政府必须要让渡充足的空间，另一方面公众组织的力量必须强化。当前一个难以回避的问题是公众组织专业知识欠缺、凝聚力不足、协调与整合能力差等"弱组织化"与政府的空间让渡设想不匹配，导致政府引导公众参与环境治理的意图和理念难以落地。我国社会资本还处于发育起步阶段。因而政府在引导公众参与环境治理的初期，必须充分发挥指导、培育和服务作用，不断提升公众的组织化能力，一方面利用多种途径积极宣传环境保护和治理理念，不断提升公众关于环境问题的认知层次，另一方面努力培育能够朝着专业化发展道路行进的各类环境组织，深入破解专业知识欠缺、个体力量薄弱、组织化程度不足的难题。当公众的组织化能力提升到一定程度后，其在集体统一行动、不同意见表达、环境资源获取等多方面将发挥重要作用，并能够利于凝结公众力量，发挥相互示范的积极作用。此时，公众内部的组织规范成为公众环境治理行动意向形成的核心驱动力，政府进而可以寻找与其创建合作伙伴的良好时机。

三、公众—政府环境治理的演化博弈分析

我国近年来不断加大投入、创新机制来改善生态环境，治理取得了一定的成效，但生态环境保护工作依然承受不小压力，环境治理工作也仍然面临诸多阻力。由于信息不对称和隐性规制竞争，环境治理出现可能出现非合作状态。从源头治理进行剖析，地方政府基于政绩与民生的考虑，存在放松污染监管的可能，源头治理可能失效。从公众参与环境治理的情况

来看，由于公众权力参与环境政策制定的影响力有限，广大群众不得不忍受环境污染的危害。基于此，本节借鉴引用初钊鹏等（2018）[①] 提出的演化博弈论中多群体模拟动态模型的相关建模思路和做法（见表6-1、表6-2、表6-3），来分析"公众—央地两级政府"环境治理的稳定性。

（一）公众—地方政府静态博弈过程

为了更全面、更透彻地讨论中央与地方两级政府管理下公众参与环境治理的演化博弈过程，本节先分析没有中央政府参与的公众—地方政府博弈，探讨地方政府利益倾向与公众利益倾向不一致情况下，公众参与环境治理的策略选择如何，然后比较在中央政府干预情况下公众—地方政府博弈支付情况。

从法理意义上讲，顺应民众意愿履责是地方政府实施权力的基准要义，确保社会公众通过民意反馈方式维护自身利益，应是政府承担的应有之责。但现实中，地方政府的利益倾向和社会公众的利益倾向并不一致，有时甚至是对立的状态。在环境治理的过程中，一方面地方政府会对社会公众群体性诉求行为进行严格审查，公众参与环境治理的空间范围可能较窄；另一方面地方政府为确保地方经济支配下的基本社会民生，可能倾向于经济利益的获取。因而，地方政府会受到来自于中央政府的监管压力和社会公众的民意（舆论）压力，在既定制度环境下的理性选择可能是出台规制政策，但执行中放松监察管理。

基于此，假定公众在受到环境污染侵害时，可以采取"不抗争"策略

---

① 环境治理过程中多群体模拟动态模型的构建并不容易，主要是中国语境下环境治理的复杂性所致，本书借鉴了初钊鹏等（2018）的分析过程，详见初钊鹏，卞晨，刘昌新，等．基于演化博弈的京津冀雾霾治理环境规制政策研究 [J]．中国人口·资源与环境，2018，28（12）：63-75.

并寄希望于政府规制，也可以采取"抗争"策略；地方政府可以为了满足公众的利益出台环境政策进行"规制"，也可以为了获取经济利益保障基本民生而"不规制"；当公众选择"抗争"策略，会产生成本，且当地方政府采取规制，公众可获得环境侵害补偿，而地方政府不规制，公众利益诉求得不到满足；当地方政府选择"规制"策略时，会产生规制成本，且规制有效，而"不规制"时，公众利益受损，长期以来地方辖区的劳动力减损、外流且社会公众最终会"用脚投票"。

如果用 C_1 表示社会公众选择"抗争"策略的成本，用 C_2 表示地方政府选择"规制"策略时的经济利益损失成本，用 F 代表地方政府选择"不规制"策略时公众所承受的健康损失，用 H_1 代表地方政府选择"不规制"策略时劳动力减损的经济损失，用 H_2 代表地方选择"不规制"策略时劳动力外流的经济损失，用 Q 代表公众选择"抗争"策略时地方政府"规制"给公众带来的环境污染补偿，则公众—地方政府博弈支付矩阵如表6-1所示。

表6-1　公众—地方政府博弈支付矩阵

地方政府　　　　公众	规制	不规制
抗争	$-C_1+Q$，$-C_2$	$-C_1-F$，$-H_1-H_2$
不抗争	0，$-C_2$	$-F$，$-H_1$

在政府引导公众参与环境治理过程中，政府永远处于主动一方，公众是在政府选择既定的前提下进行策略选择，故先讨论地方政府的行为决

策。作为抽象化的理性经济人，地方政府始终以政治经济利益最大化为追求，进而做出环境治理的决策。由于中国官员治理体系的显著特征表现为层级式的治理结构，下级官员的考核晋升受到上级官员意志的直接影响，普遍 5 年的晋升考核期使得下级官员更注重短期政绩的获取，因此地方政府的环境决策更倾向于短期政治经济利益（郭建斌和陈富良，2021）。

短期内，劳动力减损（H_1）和外流（H_2）具有滞后性，当前政策的作用影响可能在下一轮经济运行过程中才会显现出结果，地方官员在下一轮经济运行中可能已经调任他方，因而 H_1 和 H_2 对地方政府的环境治理决策不构成重要的影响。真正关系和决定地方政府环境治理决策的关键因素是 C_2，即经济利益损失成本，经济利益关系到地方辖区的基本社会民生，甚至关系到地方官员的政治仕途，因而 C_2 对地方政府利益的影响是巨大的，C_2 对地方政府而言，其决策权重远高于 H_1 与 H_2 总和的权重，地方政府的最优策略选择将必然是"不规制"。在地方政府选择"不规制"策略时，公众作为理性经济人，必然是"两害相权取其轻"（$-F<-C_1-F$），选择"不抗争"策略是其最优选择。进而在没有中央政府监督的情况下，公众—地方政府博弈的均衡策略是（不抗争，不规制）。这个博弈的过程非常贴切地解释了现实中一些环境污染严重的地区地方政府环境治理工作落实不力、公众不愿意参与环境治理的"怪象"。

但当在中央政府有力矫正的情况下，地方政府的政治经济利益倾向可能会发生改变，如中央政府通过强力干预，转变地方政府官员的政绩观和发展观，将可持续发展和绿色发展理念渗透进地区经济社会发展的过程中，将生态环境考核列入政绩考核的评价体系中，这将有力地改变地方政府原有的利益倾向，进而改变地方政府在环境治理过程中的行为决策。将环境损失（ΔE）的因素考虑到环境治理决策的成本收益中，公众—地方

政府博弈支付会发生改变，其博弈均衡策略也可能发生改变。如表6-2
所示。

表6-2　引入环境损失的公众—地方政府博弈支付矩阵

公众 ＼ 地方政府	规制	不规制
抗争	$-C_1+Q$,　$-C_2$	$-C_1-F$,　$-H_1-H_2-\Delta E$
不抗争	0,　$-C_2$	$-F$,　$-H_1-\Delta E$

根据表6-2，在中央政府的强力干预下，地方政府的利益导向得到了
及时的矫正，地方政府官员的"短视盲区"问题能够得到较好解决。此
时，地方政府环境决策主要由 C_2 和 ΔE 共同决定，即使不考虑 H_1 与 H_2 的
权重影响，只要地方政府对 ΔE 评估结果是明显大于 C_2 的，其博弈策略选
择必然是"规制"。这种情况下，公众无论选择"抗争"策略还是选择
"忍受"策略，环境治理都是期望结果，长期内 H_1 与 H_2 的损失也可以避
免发生，公众对良好环境的诉求可以得到满足。

（二）公众—央地两级政府博弈的演化稳定均衡

依据上部分静态博弈结论，中央政府强力干预为地方政府提供了环境
规制的直接动机，使"公众—地方政府"的博弈均衡策略得以改进。现实
中地方政府决策行为会受到中央政府的强烈干预，如果考虑这个因素，
"公众—政府"博弈格局会有怎样的变化呢？本节引入中央政府环境治理
督察条件，构建三方演化博弈模型来推演"公众—央地两级政府"的动态
博弈，并分析博弈各方的策略演化路径。

中央政府是一个中性政府，它不与任何地方政府构成利益同盟，也不被任何利益集团俘获。中央政府对政企利益共谋行为、无视公众环境诉求行为等进行或严格或宽松的督察，以此来保障一定强度的环境规制和满足社会公众的环境诉求。中央政府对地方政府进行环保督察，如果调查到地方政府名义上出政策，实际上不作为的不规制行为（如中央督察组对云南滇池违规违建过度开发的调查），地方政府将面临一定的处罚，地方政府官员的政治前途会受到影响；中央政府也会通过地方政府专项奖励资金（如德清"生态绿币"）对公众参与环境治理行为进行激励，当公众为维护环境权益选择抗争策略时会获得由中央政府间接提供的专项资金奖励，但当公众选择"抗争"策略，且地方政府在实际政策落实当中采取不规制策略的事实被中央政府督察发现，公众会获得地方政府间接支付生态环境损害补偿（如秦岭违建别墅拆除后建立和谐森林公园），而当地方政府选择不规制策略的事实未被中央督察发现或者公众选择不抗争策略时，公众不能获得任何环境补偿。

如果用 C_3 表示中央政府的环保督察成本，用 β 表示督察概率，用 J 表示中央政府激励和补偿地方政府的专项预算，用 W 表示中央政府对社会公众选择抗争策略的奖励资金，用 ΔE 表示地方政府选择不规制策略时的环境损失，用 P 代表中央政府对地方政府落实政策中选择不规制策略行为的处罚额，用 α 表示地方辖区经济与总体场域经济的占比系数，用 η 表示地方环境质量变化对总体场域产生外部性的系数，用 Q 代表公众选择抗争策略时所得到的负外部性补偿（地方政府选择规制时公众所获得的企业外部补偿或地方政府不规制被中央政府督察发现时公众所获得的地方政府负外部性补偿），公众—央地两级政府博弈策略行为支付情况如表6-3所示。

表 6-3　公众—央地两级政府博弈策略行为支付矩阵

博弈方				中央政府	
				严格督察 z	宽松督察 1-z
公众	抗争 x	地方政府	规制 y	$-C_1+W+Q$ $-C_2+J$ $-C_3-J-W$	$-C_1+W+Q$ $-C_2+J$ $-\beta C_3-J-W$
			不规制 1-y	$-C_1-F+W+Q$ $-P-Q-H_1-H_2$ $-C_3-W-\alpha(H_1+H_2)-\eta\Delta E$	$-C_1-F+W+\beta Q$ $-\beta(P+Q)-H_1-H_2+(1-\beta)J$ $-\beta C_3-W-\alpha(H_1+H_2)-$ $(1-\beta)J-\eta\Delta E$
	不抗争 1-x	地方政府	规制 y	0 $-C_2+J$ $-C_3-J$	0 $-C_2+J$ $-\beta C_3-J$
			不规制 1-y	$-F$ $-P-H_1$ $-C_3-\alpha H_1-\eta\Delta E$	$-F$ $-\beta P-H_1+(1-\beta)J$ $-\beta C_3-\alpha H_1-(1-\beta)J-\eta\Delta E$

为了分析公众—央地两级政府博弈演化稳定均衡情况，本节借鉴演化博弈论中的多群体模拟者动态模型来分析公众—央地两级政府环境治理的稳定性。演化博弈论的最核心因素是演化稳定策略和复制动态，演化稳定策略表示种群中抵抗变异策略入侵的一种稳定状态，复制动态实际上是描述某一特定策略在种群中被采用的频数或频度的动态微分方程。由于多群体模仿者动态分析推导比较复杂，所以本节重在借鉴引用部分成型的结论。依据初始阶段有限理性下已有的概率假定，可以得到公众、地方政府和中央政府三个博弈主体的期望效用和种群效应。

公众选择抗争和不抗争时的期望效用和种群效应分别为：

$$U_p = yz(-C_1+W+Q)+y(1-z)(-C_1+W+Q)+(1-y)z(-C_1-F+W+Q)+$$

$$(1-y)(1-z)(-C_1-F+W+BQ) \qquad (6.1)$$

$$U_{\bar{p}}=yz+y(1-z)+(1-y)z(-F)+(1-y)(1-z)(-F) \qquad (6.2)$$

$$\overline{U_p}=xU_p+(1-x)U_{\bar{p}} \qquad (6.3)$$

地方政府选择规制和不规制时的期望效用和种群效应分别为：

$$U_l=xz(-C_2+J)+x(1-z)(-C_2+J)+(1-x)z(-C_2+J)+(1-x)(1-z)(-C_2+J) \qquad (6.4)$$

$$U_{\bar{l}}=xz(-P-Q-H_1-H_2)+x(1-z)[-\beta(P+Q)H_1-H_2+(1-\beta)J]+(1-x)$$
$$z(-P-H_1)+(1-x)(1-z)[-\beta P-H_1+(1-\beta)J] \qquad (6.5)$$

$$\overline{U_l}=yU_l+(1-y)U_{\bar{l}} \qquad (6.6)$$

中央政府选择严格督察和宽松督察时的期望效用和种群效应分别为：

$$U_c=xy(-C_3-J-W)+x(1-y)[-C_3-W-\alpha(H_1+H_2)-\eta\Delta E)]+(1-x)$$
$$y(-C_3-J)+(1-x)(1-y)(-C_3-\alpha H_1-\eta\Delta E) \qquad (6.7)$$

$$U_{\bar{c}}=xy(-\beta C_3-J-W)+x(1-y)[-\beta C_3-W-\alpha(H_1+H_2)-(1-\beta)J-\eta\Delta E]+$$
$$(1-x)y(-\beta C_3-J)+(1-x)(1-y)[-\beta C_3-\alpha H_1-(1-\beta)J-\eta\Delta E] \qquad (6.8)$$

$$\overline{U_c}=zU_c+(1-z)U_{\bar{c}} \qquad (6.9)$$

根据马尔萨斯方程和复制动态方程，有：

$$\frac{dx}{dt}=x(1-x)[-C_1+W+\beta Q+(y+z-yz)(1-\beta)Q] \qquad (6.10)$$

$$\frac{dy}{dt}=y(1-y)[-C_2+\beta(J+P)+H_1+x(\beta Q+H_2)+z(1-\beta)(B+J)+xz(1-\beta)Q] \qquad (6.11)$$

$$\frac{dz}{dt}=z(1-z)[z(1-\beta)(J-C_3)+y(1-\beta)J] \qquad (6.12)$$

如果令：

$$a = -C_1 + W + \beta Q \qquad (6.13)$$

$$b = (1-\beta) Q \qquad (6.14)$$

$$c = -C_2 + \beta (J+P) \qquad (6.15)$$

$$d = \beta Q + H_2 \qquad (6.16)$$

$$e = (1-\beta)(B+J) \qquad (6.17)$$

$$f = (1-\beta)(J-C_3) \qquad (6.18)$$

$$g = (1-\beta) J \qquad (6.19)$$

依据刘钊鹏等（2018）的研究可知，三群体博弈动态复制系统存在的系统平衡点（x，y，z）有8个，且（x，y，z）均属于（0，1），如 J 系统在 E_1（0，0，0）均衡点的雅克比（Jacobian）矩阵为：

$$J = \begin{bmatrix} (1-2x)[a+b(y+z-yz)] & bx(1-x)(1-z) & bx(1-x)(1-y) \\ y(1-y)(d+bz) & (1-2y)(c+xd+ze) & y(1-y)e \\ -zb(1-z)(1-y) & z(1-z)(-g+bx) & (1-2z)[f-gy-bx(1-y)] \end{bmatrix}$$

$$(6.20)$$

以同样的方法可求得所有平衡点处 J 矩阵的特征值，同时依据 Selten（1980）的研究结论，多种群演化博弈中的纯策略均衡一定是严格纳什均衡，这意味着公众—央地两级政府演化博弈中的纯策略均衡就是稳定均衡。因此，对于公众—央地两级政府演化博弈稳定均衡的分析只需要讨论其复制动态系统在平衡点的稳定性即可。根据李雅普诺夫第一法和演化博弈论的相关理论可知，当 J 矩阵的所有特征值（λ）小于零时，平衡点是渐进稳定的，为汇点；当所有特征值大于零时，平衡点是不稳定的，为源点；当特征值表现为正负相异特征时，平衡点不稳定，为鞍点。根据上述 J 矩阵的特征值，可以得到平衡点稳定性的判定结果，如表6-4所示。

表 6-4　平衡点稳定性的判定结果

平衡点	λ_1	λ_2	λ_3	稳定性
$E_1(0, 0, 0)$	$a<0$	$c<0$	$f<0$	稳定（汇）
$E_2(0, 0, 1)$	$a+b<0$	$c+e<0$	$-f>0$	不稳定（鞍）
$E_3(0, 1, 0)$	$a+b<0$	$-c>0$	$f-g<0$	不稳定（鞍）
$E_4(1, 0, 0)$	$-a>0$	$c+d<0$	$f<0$	不稳定（鞍）
$E_5(1, 1, 0)$	$-a-b>0$	$-c-d>0$	$f-g<0$	不稳定（鞍）
$E_6(1, 0, 1)$	$-a-b>0$	$b+c+d+e<0$	$-f>0$	不稳定（鞍）
$E_7(0, 1, 1)$	$a+b<0$	$-c-e>0$	$c_3(1-\beta)>0$	不稳定（鞍）
$E_8(1, 1, 1)$	$-a-b>0$	$-b-c-d-e>0$	$c_3(1-\beta)>0$	不稳定（源）

四、本章小结

本章把控着中国语境这一总体线条，主要对跨域生态环境多元共治机制的公众参与机制进行了较为深刻详细的分析。首先确定了相关主体的利益目标，即地方政府偏好于政绩、民生相关的政治经济利益，社会公众偏好于生存、健康相关的环境利益，中央政府作为偏好中性的一方扮演利益仲裁者和监督者角色。在这一前提下，探讨了公众参与环境治理的法理学基础和经济学基础；从跨中央政府域和跨地方政府域的背景下分析了中国语境中公众参与环境治理的机理，并由此提出了中国语境下公众参与环境治理需要通过"赋权—认同—合作"的机理过程；在合作期望条件下分析了公众—政府环境治理演化博弈过程，发现中央政府在环境治理中处于信息不对称的境况，其监管能力受到了很大的限制，如果能够引入与公众的"合作"，严格的环保督察约束可在一定程度上得以保证，公众—央地两级政府演化博弈会达到社会福利水平最佳理想状态稳定平衡点，即"中央给压力、地方来推动、公众都参与"的期望状态会得以实现。

第七章

跨域生态环境多元共治机制之评价与拓展

古典经济环境下，既定机制（市场机制）在配置资源时达到帕累托最优即意味着实现了资源有效配置，但是在公共物品、外部性、不可分商品及非凸消费集等非古典经济环境集合存在的情况下，既定机制在配置资源时很难实现瓦尔拉斯一般均衡，帕累托最优的条件难以满足。按照前文"政府引导、企业履责、公众参与"的环境多元共治机制分析，生态环境可视作一种特殊的公共物品，具有外部性和不可分性的特征，即构成了非古典经济环境集合，因而其达到环境治理目标时的条件比帕累托最优的标准更为严苛，既定机制往往可能陷入失效的境况。"政府引导、企业履责、公众参与"的环境多元共治机制对原有机制进行了矫正和深化，迎合了当前中国语境下"政府、企业、社会公众"环境共治的目标要求，但依据经济机制设计理论，一个不可忽视的重要问题是这一机制表达的作用成效如何，是否能够在实践中进行一般化拓展，本章将对其作进一步的讨论。

一、评价分析

由于不同政治体制因素，环境目标作为典型的社会目标，它可能是帕累托有效配置集合，也可能是个体理性配置集合。在实现这一目标的过程中，物质条件和技术条件是首要的严约束和硬限制，在研究环境治理机制时，多数研究者将这一限定条件作为既定内容，即在假定物质与技术水平不变的情况下研究制度设计的成效。因而，此情形下环境目标的实现结果主要由制度设计所决定，而依据经济机制设计理论，这一目标结果会受到激励与信息的强烈干扰。现实中，环境治理往往表现为激励不相容、信息不对称的窘境，这主要是因为各主体之间的复杂利益矛盾使现有制度设计未能对激励共容和信息有效标准进行充分考量。因此，本节对"政府引导、企业履责、公众参与"的环境多元共治机制配置作用进行评价，旨在分析跨域生态环境多元共治的机制化表达对激励相容标准与信息有效条件的实践应用情况。

（一）关于激励相容标准的判定

经济机制设计理论之父 Hurwiez 指出，理性经济人在市场经济中会首先按照自利的行为规则选择行动决策，如果能够设定一种制度安排，最大限度地使理性经济人的个人利益目标与社会利益目标相吻合，即为激励相容。从前面几章环境多元共治机制化表达分析可知，政府、企业、公众在生态环境治理过程中承担着不同的职能，处于不等同的地位，每个主体面对的目标是多样化的，其利益诉求也不统一。政府处于主导地位，扮演着调节者角色，其利益目标与社会总福利目标具有高度的一致性，是环境治理的重要推动者；企业作为生产经营者，在环境治理互动过程中处于关键主体地位，扮演着经济利益追求者的角色，其利益目标与社会总福利目标存在局部冲突的情况；公众作为环境变化的最直接影响者，既是环境污染的受害者，也是环境保护的受益者，处于参与地位，扮演着信息反馈者的角色。从各行为主体的地位和角色来看，环境共治激励相容的矛盾主要表现为政府利益目标与企业利益目标的关系、企业利益目标与公众利益目标的关系的考察。依据激励相容原理，激励相容标准的主要目的就是尽可能保证各行为主体的利益倾向和社会利益目标相一致，所以本节重点分析政府、企业环境治理的激励相容和企业、公众环境治理的激励相容。

1. 政府、企业环境治理的激励相容

企业在环境共治过程中的利益目标是在不违背国家法律和维护自身社会形象的前提下，取得极大化的利润。为使企业自身利益目标与社会总福利的目标尽可能一致，政府需要利用政策杠杆来降低企业绿色生产[①]的门槛和成本，引导企业实现经济效益与环境效益相协调。为检验政府、企业环境治理激励相容实践情况，本节重点考察双方关于激励设定的博弈均衡解，并判定是否与"政府引导、企业履责、公众参与"的环境多元共治机制分析结论相一致。

假定政府与企业都是理性的行为主体，企业拥有绿色生产和非绿色生产两种可供选择的生产方式，政府对企业生产方式的监管会产生成本。如

---

① 此处的绿色生产特指前文提到的生产抽象化绿色产品的过程。

果用 C 表示政府对企业生产方式监管的成本，用 R 表示政府选择不监管造成的社会福利损失，用 M 表示政府选择监管增加的社会福利收益，用 N 表示企业选择绿色生产方式的额外成本，用 S 表示企业选择绿色生产方式的额外收益，用 F 表示政府在监管过程中对企业选择非绿色生产方式的处罚；用 $X=(x, 1-x)$ 表示政府的混合策略，其中 $x \in [0, 1]$ 表示政府选择监管策略的概率，用 $Y=(y, 1-y)$ 表示企业的混合策略，其中 $y \in [0, 1]$ 表示企业选择绿色生产方式的概率，则有：

政府支付矩阵 $A = \begin{bmatrix} -C+M & -C \\ -R & -R \end{bmatrix}$，企业支付矩阵 $B = \begin{bmatrix} S-N & -F \\ S-N & 0 \end{bmatrix}$。由于

在正仿射变换和局部变换条件纳什均衡的不变性特征，可以对政府支付矩阵和企业支付矩阵做局部变换（对矩阵 A 做列变换同时对矩阵 B 做行变换）：

$$A = \begin{bmatrix} -C+M & -C \\ -R & -R \end{bmatrix} \rightarrow \begin{bmatrix} M+R-C & 0 \\ 0 & C-R \end{bmatrix} \tag{7.1}$$

$$B = \begin{bmatrix} S-N & -F \\ S-N & 0 \end{bmatrix} \rightarrow \begin{bmatrix} S+F-N & 0 \\ 0 & N-S \end{bmatrix} \tag{7.2}$$

由此，政府的期望支付（在 Y 确定的情况下，选择能使期望支付最大的 X）为：

$$E_g(u, v) = UGV = (u, 1-u) \begin{bmatrix} R-C & 0 \\ 0 & C-M-R \end{bmatrix} (v, 1-v)^T = -Muv+(C-M-R)(1-u-v) \tag{7.3}$$

将 $E_g(u, v)$ 对 u 求一阶导可得：$\dfrac{\partial E_g}{\partial u} = -Mv+M+R-C$，此时可以分析最大化期望支付下的 u 取值情况。

情形Ⅰ：当 $R>C$ 时，$\dfrac{\partial E_z}{\partial x}>0$，$E_z(x,y)$ 在固定 y 时单调递增，由于 $y>0$，则为保证 $E_z(x,y)$ 取得最大值，须使 x 取得最大值1。

情形Ⅱ：当 $M+R>C>R$ 时，如果 $\dfrac{y>(C-R)}{M}$，则有 $\dfrac{\partial E_z}{\partial x}>0$，此时最大值条件下 x 取1，如果 $\dfrac{y=(C-R)}{M}$，则有 $\dfrac{\partial E_z}{\partial x}=0$，此时 x 取 $[0,1]$ 任意值，都可以保证 $E_z(x,y)$ 取得最大值，如果 $\dfrac{\partial E_z}{\partial x}<0$，$E_z(x,y)$ 在固定 y 时单调递减，此时最大值条件下 x 取0。

情形Ⅲ：当 $C>R+M$ 时，$\dfrac{\partial E_z}{\partial x}<0$，由于 $y>0$，则为保证 $E_z(x,y)$ 取得最大值，须使 x 取得最小值0。

依据同样的矩阵变换规则，企业的期望支付（在 X 确定的情况下，选择能使期望支付最大的 Y）为：

$$E_q(x,y)=XBY=(x,\ 1-x)\begin{bmatrix} S+F-N & 0 \\ 0 & N-S \end{bmatrix}(y,\ 1-y)^T=Fxy+(N-S)(1-x-y) \tag{7.4}$$

将 $E_q(x,y)$ 对 y 求一阶导可得：$\dfrac{\partial E_q}{\partial y}=Fx+S-N$，此时可以分析最大化期望支付下的 y 取值情况。

情形Ⅰ：当 $S>N$ 时，$\dfrac{\partial E_q}{\partial y}>0$，$E_q(x,y)$ 在固定 x 时单调递增，由于 $x>0$，则为保证 $E_q(x,y)$ 取得最大值，须使 y 取得最大值1。

情形Ⅱ：当 $S+F>N>S$ 时，如果 $\dfrac{x>(N-S)}{F}$，则有 $\dfrac{\partial E_q}{\partial y}>0$，此时最大值条

件下 y 取 1，如果 $x=\dfrac{(N-S)}{F}$，此时 y 取 $[0，1]$ 任意值，都可以保证 $E_q(x，y)$ 取得最大值，如果 $\dfrac{\partial E_q}{\partial y}<0$，$E_q(x，y)$ 在固定 x 时单调递减，此时最大值条件下 y 取 0。

情形Ⅲ：当 $N>S+F$ 时，$\dfrac{\partial E_z}{\partial x}<0$，由于 $x>0$，则为保证 $E_q(x，y)$ 取得最大值，须使 y 取得最小值 0。

依据以上政府策略既定时对企业策略选择的分析，可知政府实施激励会存在三种结果：一是当 $S>N$ 时，企业选择绿色生产方式的额外成本低于企业选择绿色生产方式的额外收益，无论政府如何决策，企业都会选择绿色生产方式作为均衡策略；二是当 $N>S+F$ 时，企业选择绿色生产方式的额外成本高于考虑政府调控因素的综合收益，因而无论政府如何决策，企业都会选择非绿色生产方式；三是当 $S+F>N>S$ 时，企业选择绿色生产方式的额外成本高于额外收益，但低于考虑政府调控因素的综合收益，政府与企业的策略选择相互作用，双方博弈均衡解在（监管，绿色生产）与（不监管，非绿色生产）之间徘徊，这为政府激励产生成效提供了一定的空间，成为激励起效的必要条件。据此，为实现绿色生产政策的顺利实施，政府需要在信贷、税收、补贴等方面建立支持企业选择绿色生产方式的激励引导机制，促使企业在有效空间内进行绿色生产技术改进，同时政府也需在市场运行过程中进行有效的外压力矫正，而这正是前文中"政府引导"和"政府矫正"部分详细阐述的机制，它在相应的条件下确保了企业利益目标和政府利益目标相一致，达到了政府、企业激励相容标准的要求。

2. 企业、公众环境治理的激励相容

公众在环境治理过程中具有追逐舒适健康自然环境和消费绿色产品的双重利益诉求，同时公众会对企业的生产行为进行监督。基于上一部分政府、企业环境激励相容的分析可知，对企业、公众环境治理激励相容实践情况进行检验，主要是考察企业、公众关于激励设定的博弈均衡解，并判定是否与"政府引导、企业履责、公众参与"环境多元共治机制分析结论相一致。

假定企业和公众都为理性经济行为主体，企业有绿色生产和非绿色生产两种方式，若选择非绿色生产方式则可能被公众识别并举报，从而面临政府的处罚，公众在识别企业非绿色生产方式过程中同样会付出识别和举报的成本，但在准确识别和成功举报后会得到政府的奖励。如果用 C 表示公众识别举报企业非绿色生产方式的成本，用 N 表示企业选择绿色生产方式的额外成本，用 F 表示企业非绿色生产遭识别举报后政府的处罚，用 S 表示企业选择绿色生产方式增加的社会福利，用 R 表示企业选择非绿色生产方式损失的社会福利，用 M 表示公众准确识别和成功举报所获得的政府奖励；用 $U=(u,1-u)$ 表示公众的混合策略，其中 $u\in[0,1]$ 表示公众选择识别举报策略的概率，用 $V=(v,1-v)$ 表示企业的混合策略，其中 $v\in[0,1]$ 表示企业选择绿色生产方式的概率，则有：

公众支付矩阵 $G=\begin{bmatrix} -C & -C+M \\ -R & -R \end{bmatrix}$，企业支付矩阵 $H=\begin{bmatrix} S-N & -F \\ S-N & 0 \end{bmatrix}$，和

前一部分的变化法则相同，对矩阵 G 做列变换同时对矩阵 H 做行变换：

$$G=\begin{bmatrix} -C & -C+M \\ -R & -R \end{bmatrix}\rightarrow\begin{bmatrix} R-C & 0 \\ 0 & C-M-R \end{bmatrix} \tag{7.5}$$

$$H = \begin{bmatrix} S-N & -F \\ S-N & 0 \end{bmatrix} \rightarrow \begin{bmatrix} S+F-N & 0 \\ 0 & N-S \end{bmatrix} \tag{7.6}$$

由此，公众的期望支付（在 H 确定的情况下，选择能使期望支付最大的 G）为：

情形 I ：当 $R>C$ 时，$\frac{\partial E_g}{\partial u}>0$，$E_g(u,v)$ 在固定 v 时单调递增，由于 $v>0$，则为保证 $E_g(u,v)$ 取得最大值，须使 u 取得最大值 1。

情形 II ：当 $M+R>C>R$ 时，如果 $\frac{v<(M+R-C)}{M}$，则有 $\frac{\partial E_g}{\partial u}>0$，此时 $E_g(u,v)$ 对 u 单调递增，最大值条件下 u 取 1，最大值为 $v(R-C)$，且小于 $\frac{(R-C)(M+R-C)}{M}$；如果 $\frac{v=(M+R-C)}{M}$，则有 $\frac{\partial E_z}{\partial x}=0$，此时 $E_g(u,v)$ 为常函数，u 取 $[0,1]$ 任意值都可以保证 $E_g(u,v)$ 取得最大值 $C-M-R$，且小于 0；如果 $\frac{v>(M+R-C)}{M}$，则有 $\frac{\partial E_g}{\partial u}<0$，$E_g(u,v)$ 对 u 时单调递减，此时最大值条件下 u 取 0，最大值 $(C-M-R)(1-v)$，且小于 $\frac{(M+R-C)(R-C)}{M}$。

情形 III ：当 $C>R+M$ 时，$\frac{\partial E_g}{\partial u}<0$，$E_g(u,v)$ 对 u 时单调递减，则为保证 $E_g(u,v)$ 取得最大值，须使 u 取得最小值 0，最大值为 $(C-M-R)(1-v)$。

企业的期望支付情况在前一部分已经讨论，不再赘述，此处主要讨论公众、企业同时达到最大期望支付的条件。

政府引导下的最优治理决策方向是（公众识别举报，企业绿色生产），以此来看能够达到这一目标的极大值点有两个，分别为 $(u\rightarrow 1, v\rightarrow 1, R>C, S>N)$ 和 $(u\rightarrow 1, v\rightarrow 1, M+R>C>R, S+F>N>S)$。在这两处，公众的期望收益随着公众实施识别举报策略概率的增大正向演化，也是政府引导治理的期望目标。公众实施识别举报的策略可能会导致三种情况：一是企业选择绿色生产方式的额外成本小于企业选择绿色生产方式增加的社会福利，即 $N<S$，无论公众做出何种决策，企业都会选择绿色生产方式；二是企业选择绿色生产方式的额外成本大于企业选择绿色生产方式增加的社会福利与政府处罚的总和，即 $N>S+F$，则企业始终会选择非绿色生产方式；三是约束条件落在边界以内时，公众、企业的策略选择相互作用，双方策略在政府期望方向和非期望方向之间徘徊，且受初始条件的决定趋于相异的均衡点，这也是政府需要努力引导的区间。政府需培养公众的绿色产品消费习惯，并使其同时作用于公众、企业两个行为主体，形成较好的治理成效；需引导、鼓励、支持公众在参与环境治理中发挥重要作用；需确保公众的利益诉求有渠道和注重政府、企业、公众的信息互动有作用，而这正是前文中企业—公众（消费者）博弈和公众参与部分详细阐述的机制，它在相应的条件下确保了公众利益目标和企业利益目标相一致，达到了公众、企业激励相容标准的要求。

（二）关于信息有效条件的分析

经济机制设计理论不同于传统经济理论致力于分析既定机制的绩效，而是传统理论的"反过程"，即机制本身是未知的，即便是对机制进行了详细的解构，直接对机制信息有效条件的评价分析也因为标准难定而陷入困境。一个较好的思路是从完全显示时的情况逐渐降维，直到信息发布的机制既能实现目标函数，又具有最低维度信息空间，此时即达到了信息有效的条件。依据经济机制设计理论，对经济机制信息有效条件的判定是一个比较复杂的过程，涉及比较高深的数学证明过程，因此本节在分析"政府引导、企业履责、公众参与"的环境多元共治机制信息有效条件时将直接参考 Harwicz（1973）的结论，这样便于简化分析过程。

1. 问题的转化

"政府引导、企业履责、公众参与"的机制化表达是对环境多元共治理机制的详细解构，对信息有效条件的判定实质上是在"政府、企业、社会公众"主体统合前提下对信息效率进行的进一步探索，因而需将政府、企业和公众置于同一环境中，并对其信息交互进行必要的视角转化。依据经济机制设计理论，生态环境多元共治理的信息有效判定问题可以视作政府管理下的两种商品（经济产品和生态环境体验）生产与经济环境两类利益代言人（企业和公众）信息策略调整的过程。具体而言，企业通过对生态环境资源的开发利用可以生产经济产品和生态环境体验两种产品，经济产品使得企业获取经济利润，但同时会改变自然环境，公众的环境体验被影响。可见，经济产品和生态环境体验是生态环境资源开发利用的联合产品，商品空间是二维欧氏空间的非负象限 R_+^2。生态环境资源的开发利用量决定了经济产品的产量和生态环境的破坏程度，通常情况下生态资源环境的开发利用量由政府进行管理，因此可用政府机构控制的变量表示生态资源开发利用的技术参数。

令政府机构控制的变量为 $\lambda \in [0, 1]$，表示经过标准化后的生态资源开发利用量，$\lambda = 0$ 表示不开发利用，$\lambda = 1$ 表示开发利用所有生态环境资源。设定不开发利用环境资源时获得的自然环境量为 N，用 $\varphi(\lambda) = (\varphi_1(\lambda), \varphi_2(\lambda))$ 表示生产集合，其中 $\varphi_1(\lambda)$ 表示环境资源开发利用量为 λ 的经济产品量，$\varphi_2(\lambda)$ 表示环境资源开发利用量为 λ 的自然环境量，上限为 N。假定经济利益代言人企业（代言人 1）知道经济利益追求者都愿意支持鼓励开发利用的政治行动，且知道未来能获得支持的程度取决于政府设定的环境资源开发利用的 λ 值，因此代言人 1 知道函数 P_1：$[0, 1] \rightarrow R$ 的值 $p_1 = P_1(\lambda)$ 是在开发利用量为 λ 时经济利益追求者支持下所形成的政治压力强度，同理，环境利益代言人公众（代言人 2）也知道函数 P_2：$[0, 1] \rightarrow R$ 的值 $p_2 = P_2(\lambda)$ 是在开发利用量为 λ 时环境利益追求者支持下所形成的政治压力强度，并将 P_i 定义为政治行动函数。为了简化分析，将 P_i 视作为初始已知的函数，并对 P_i 函数作出假定：一是假定 P_i 函数的取值范围为 $[\tau_{min}^i, \tau_{max}^i]$，$i = 1, 2$，两个端点值 τ_{min}^i 和 τ_{max}^i 代表了代言人能够承受的最小和最大政治压力，函数 P_1 和函数 P_2 分别在 0 处取得最大值和最小值，且分别在区间 $[0, 1]$ 上严格递减和严格递增；二是假定函数 P_1 和函数 P_2 都是连续的线性函数，且共同组成 P_i。

则代言人 1 的函数 P_1 在 $\lambda = 0$，$\lambda = \lambda_1$，$\lambda = \lambda_2$，$\lambda = 1$ 四个点的取值可以确定为：

$$\tau_{max}^1 = P_1(0), \quad a_1 = P_1(\lambda_1), \quad a_2 = P_1(\lambda_2), \quad \tau_{min}^1 = P_1(1) \tag{7.7}$$

同理，可得 P_2 在 $\lambda = 0$，$\lambda = \lambda_1$，$\lambda = \lambda_2$，$\lambda = 1$ 四个点的取值为：

$$\tau_{max}^2 = P_2(0), \quad b_1 = P_2(\lambda_1), \quad b_2 = P_2(\lambda_2), \quad \tau_{min}^2 = P_2(1) \tag{7.8}$$

进一步假定每一个代言人都知道函数 φ 的形式，且保证函数 φ 的形式保持不变，则有 λ_1 和 λ_2 为代言人都已经知道的常数。进一步假定所有函数 P_1 和所有函数 P_2 都分别有相同的区间端点值（最大值和最小值为代言人都知道的常数），则有函数 P_1 仅由 a_1 和 a_2 唯一确定，函数 P_2 仅由 b_1 和 b_2 唯一确定。以此，可能的环境组合 (P_1, P_2) 构成由 $\theta = (a_1, a_2, b_1, b_2)$ 设定的环境，环境集 $\Theta = \Theta^1 \times \Theta^2$ 是同时符合条件 $\tau_{max}^1 > a_1 > a_2 > \tau_{min}^1$ 和条件 $\tau_{max}^2 < b_1 < b_2 < \tau_{min}^2$ 的 $\theta = (\theta^1, \theta^2)$ 构成的集合。

由此，可知存在环境集关系：

$$\Theta^1 = \{ (a_1, \ a_2): \ \tau^1_{\max} > a_1 > a_2 > \tau^1_{\min} \} \qquad (7.9)$$

$$\Theta^2 = \{ (b_1, \ b_2): \ \tau^2_{\max} < b_1 < b_2 < \tau^2_{\min} \} \qquad (7.10)$$

令 $a = (a_1, \ a_2)$，$b = (b_1, \ b_2)$，可将 P_i 函数表示为 $P_1 = (* , \ a)$ 和 $P_2 = (* , \ b)$。

再次考虑，环境问题的实质是环境利益分配，从这层含义上来看，政府的职责是科学合理地确定生态环境资源的开发利用量 λ，确保利益分配的平衡。但相应的政府机构只知道函数 φ，而不知道 P_i（$i = 1, \ 2$）函数，即政府机构并不知道当前的环境 $\theta = (a_1, \ a_2, \ b_1, \ b_2) = (a, \ b)$。因此政府机构必须寻找一种可以依据的一致性原则来使自己的决策正当化，一个方法是可以找寻与合理开发利用水平 $\lambda = F(\theta)$ 有联系的目标函数来表达一致性原则。尽管环境共治目标函数的集合相当大，但为了尽可能使研究的问题进行简化，假定政府机构的目标是平衡政治压力，即政府机构希望找寻到的 λ 使代言人 1 和代言人 2 承受相同的政治压力，则存在点 $(\lambda^*, \ \tau^*)$，表示所有代言人都承受相同政治压力的政治经济环境。

此外，政府机构还需要获得必要的环境信息，才能正当化其决策，一个有效的路径是设想代言人不断地向政府机构发送信息，实际中企业的环境信息披露和公众的环境问题举报都可视作这样的发送信息过程，这也意味着存在离散时间的信息交换和调整动态过程。在 t 期，政府机构公布生态环境资源的开发利用率 $\lambda(t) \in [0, \ 1]$，代言人回应 $p_i(t) = P_i(\lambda(t), \ \theta^i)$，$i = 1, \ 2$，在 $t+1$ 期时，政府机构计算 $\Delta\lambda(t) = P_1(\lambda(t), \ a) - P_2(\lambda(t), \ b)$，并依据 $\lambda(t+1) = \lambda(t) + \eta(\Delta\lambda(t))$ 调整 $\Delta\lambda(t)$ 的值，其中 η 为保号函数。在这一动态过程中，每个代言人向政府机构反馈可以施加的政治压力：当经济利益主义者的压力大于环境利益主义者的压力，政府机构就设定更高的生态环境资源开发利用率；当经济利益主义者的压力小于环利益主义者的压力，政府机构就设定更低的"政府引导、企业履责、公众参与"的环境多元共治机制信息有效条件；当两边压力等同时，政府机构最终宣布决策。此时，可将信息有效的问题置于信息成本比较的过程中进行分析，从而得到"政府引导、企业履责、公众参与"的环境多元共治机制信息有效的最优条件。

2. 信息成本的比较

尽管显示原理可以处理不完全信息下的博弈分析，但本书为了简化分析，对环境治理机制信息有效条件的分析依然假定政府机构发布信息后所有代言人的反馈都是真实信息，不存在虚假信息的情况。政府机构发布一个信息，每个代言人都必须反馈"是"或者"否"，如果两个代言人都反馈"是"，政府机构就发布能够决定生态环境资源开发利用率的信息。由于政府机构发布不同维度信息的成本差异巨大，因此需要对不同维度的情况进行比较，从而找出最小化信息量的有效信息条件。

依据前面的分析，若政府机构发布（a_1，a_2，b_1，b_2）的四维向量信息，两个代言人的反馈为"是"，达到了均衡状态，这种情况意味着代言人将自己的 P_i 函数参数如实告诉了信息发布者。因此，此种情况下的全部信息可表示为 $m=(a_1$，a_2，b_1，b_2，$x)$，其中 $x \in \{是，否\} \times \{是，否\}$。需要注意的是，代言人在政府机构发布信息后的反馈信息集合 m 是既定不变的，因而关于信息有效条件的分析只需要集中关注政府机构发布的信息。如果信息发布者知道两个代言人都反馈"是"，便可基于各方能够达成共识的信息计算结果函数的值，将其定为生态环境资源的开发利用率。最终政府决策者选择使用这一结果函数，则已有的机制实现了目标函数，此时的结果函数为：

$$h(m)=h(a_1，a_2，b_1，b_2)=F(a_1，a_2，b_1，b_2) \qquad (7.11)$$

上面实现了目标函数的已有机制信息空间是四维的，此时的机制是完全显示机制。在以上的分析过程中，由于机制的隐私保障性质，每个人都可以决定回答"是"或者"否"，代言人只知道自己的参数但却不知道其他人的参数，更可能不知道目标函数，但如果信息发布者宣告了目标函数，政府的公报就可能公布目标函数，代言人也可以公开获取目标函数。如果代言人 1 或者代言人 2 知道目标函数，此时存在实现目标函数的隐私保障机制就是三维的，即此机制是参数传递机制。现假定代言人 1 知道目标函数，政府机构发布的信息为 (u, v, w)，对于四维的环境 (a_1, a_2, b_1, b_2) 而言，代言人 2 反馈为"是"的充要条件是 $v = b_1$ 和 $w = b_2$，而代言人 1 反馈为"是"的充要条件仅为 $u = F(a_1, a_2, v, w)$。此时的结果函数为：

$$h(m) = h(u, v, w) = u \tag{7.12}$$

由此可知，参数传递机制不仅可以确保实现目标函数的隐私保障机制，而且相比完全显示机制的信息空间小，说明此情况下参数传递机制优于完全显示机制，因而进一步需要比较的是二维信息空间和一维信息空间。

政府机构在一维信息空间条件下发布信息决定生态环境资源开发利用率 λ^*，代言人 1 反馈"是"的充要条件是恰好存在实数 τ，能够使点 (λ^*, τ) 位于 P_i 函数图形，然而区间 $[\tau_{max}^1, \tau_{min}^1]$ 内的任意点都满足这样的条件，此时意味着只要 τ 在区间 $[\tau_{max}^1, \tau_{min}^1]$ 内，代言人 1 就可以反馈"是"，同理，代言人 2 的情况与此相同。这种情况下，信息发布者通过一维信息空间的机制进行识别的概率非常小，除非是偶然情况下的碰巧。

在二维信息空间条件下，政府机构发布二维信息 (λ, τ)，生态环境资源开发利用率 $\lambda \in [0, 1]$，τ 为实数。此时，代言人 1 反馈"是"的充要条件是 (λ, τ) 位于 P_1 函数图形，代言人 2 反馈"是"的充要条件是

（λ，τ）位于 P_2 函数图形，两者都反馈"是"的充要条件是（λ，τ），为 P_1 函数图形 P_2 函数图形的共享点，这个情况下政府机构发布的信息（λ，τ）满足方程：

$$P_1((\lambda, \tau); a) - P_2((\lambda, \tau); b) = 0 \tag{7.13}$$

即表示代言人 1 和代言人 2 所承受的政治压力是相同的，恰好达到了均衡。由于结果函数是从信息空间到 λ 取值区间［0，1］上的投射，因而此时的生态环境资源开发利用率就是与二维信息环境对应的目标函数值。政府机构发布的二维信息（λ，τ）机制既能实现目标函数，又具有信息空间最小的特征，则意味着信息成本最低。由此，"政府引导、企业履责、公众参与"的环境多元共治机制可以达到信息有效的条件。

二、拓展讨论

现实中，很多领域的研究不满足古典经济环境，如生态环境、食品安全、公共体育设施、电信网络安全、公共教育、公共卫生等领域，由于其具有的公共物品、外部性、不可分商品及非凸消费集等显著的属性特征，使研究经常面临非古典经济环境，这种情况下传统的市场机制往往陷入失灵和失效的境地。从现有的文献来看，上述领域的研究或多或少都涉及了经济机制设计理论方面的内容，对一些个别问题采用了经济机制设计的思路进行了初步分析，但成体系的研究不多，关于"政府、企业、社会公众"多主体共治机制一般化归纳的研究鲜有发现，本节正是基于对"政府、企业、社会公众"多主体环境共治机制一般化的考虑，对其进行拓展性的讨论。

（一）对环境共治机制的一般化表达

一般化表达是从特殊事例到普遍规律的转化，其实质是对特例进行归纳使其能够具有一般化的特征。在对"政府引导、企业履责、公众参与"共治机制进行一般化表达前，必须回答的一个问题是"为什么能够一般化"，即不同领域问题的本质是否一致。关于生态环境多主体共治问题的本质特征为：一是环境问题的实质是环境利益从优分配的问题；二是它具有明显的公共属性，属于产品不可分形态，外部性明显，处于典型的非古典环境。很显然，其他领域（公共食品安全、公共卫生安全、公共体育设施建设、电信网络安全、非完全官办的公共教育等）的多主体共治也具有相同或者相似的本质特征。现基于相同本质属性特征的前提，进一步探讨环境共治机制一般化表达的形式。

依据前文的详细分析，"政府引导、企业履责、公众参与"环境共治机制的核心要素主要由利益代言人所处的政治经济环境、信息发布人与利益代言人的信息交流、利益代言人与信息发布人的行为三个部分组成。其中，利益代言人所处的政治经济环境主要是多主体共治机制设立过程中的系统环境，信息发布人与利益代言人的信息交流主要是多主体共治机制运行过程中各主体间的信息交互，利益代言人与信息发布人的行为主要是多主体共治机制驱动下的行为主体的策略实施结果。机制的正常运行对这三个核心要素提出了一定的标准要求，即系统环境实现代言人政治压力的均衡、信息交互的有效维度最低、各主体行为利于社会总福利目标的实现。只有保障这些标准达到，机制才会与既定社会目标相匹配。依据这样的思路，本节尝试用多层嵌入的方式对环境多元共治机制进行一般化表达，进而提出一般化理论工具，如图7-1所示。

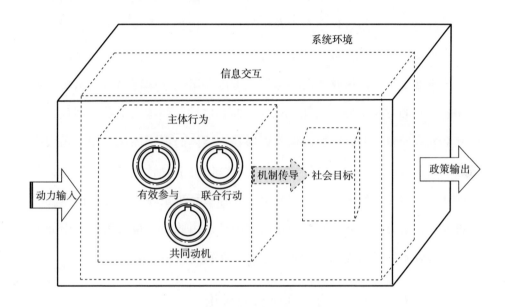

图 7-1　多层嵌入的一般化理论工具

　　需要说明的是，我国特有的语境决定了机制运行的动力来源只能是政府。新阶段我国政府治理更关注政府、企业和社会公众的共享与共治，政府对企业的引导、对公众的引导，政府对自身目标的调整，共同构成了机制运行的动力输入，尽管是表现为共治的局面，但政府始终处于主导地位，并保证机制正常有效运行。从某种意义上来说，政府是一个中性偏向的利益主体，其责任就是在确保社会目标实现的前提下对利益矛盾进行平衡处理，机制在这一过程中最重要的作用体现在最内层的嵌入部分，即共同动机、有效参与和联合行动，共同动机意味着各主体间的激励是一致的，有效参与则体现了能够实现信息成本最小化，联合行动则说明机制可以良好运行。中间的信息交互层，主要影响因素是社会资本的存量大小，较高的社会资本存量会更好地保证内层机制的运转，我国社会资本存量水平在近年来总体上有很大的提升，但依然存在地区与行业分布差异明显的特征，越是发达的地区社会资本存量就越高，越是要素投入密集的行业社会资本存量也越高。在最外部的系统环境层，主要是受国家政治制度、经济社会发展水平、国民整体的环保意识等因素影响，我国当前的系统环境正朝着良好的方向发展，尤其是党的十九大以后，环境民主进程加速，经济社会发展质量变好，国民环保意识增强，整体的系统环境得到了极大的改进。当前，国外学者关于环境治理的研究已有部分转向了中间信息交互层的社会资本相关研究，并指出社会资本存量是决定环境治理机制运转的关键前提，这方面的研究具有一定的前瞻性。因此在环境治理过程中如何增加社会资本存量可能会成为我国学者后期研究的一个重要方向。

（二）对一般化理论工具应用的讨论

本节对环境多元共治机制的一般化表达旨在通过归纳得到具有普遍应用价值的一般化理论工具，从以上逻辑形式方面的分析来看，这一理论工具是可行的，在我国国家治理实践中可能具有一定的理论启发意义。但这仅仅是理论层面的初步探索，实践中的情况可能更为复杂，尤其是将现实中的各种特殊问题转化成抽象化的机制模型来研究，所面临的困难是巨大的。本节主要是对一般化得到的理论工具在应用层面的一些值得注意的问题进行经验性的讨论。

1. 关于目标函数的设定

目标函数的设定是机制理论首要关注的问题，尤其在涉及公共属性问题研究过程中，目标函数所对应的往往是整个社会的总体目标。如果将社会看作是接受机制涉及服务的"客户"，那么目标函数（F）则反映了"客户"对资源配置结果的评价准则，即"客户"往往同时关心公平问题和效率问题，传统经济理论下的帕累托最优标准可能并不足以刻画现实环境中的公共问题及类公共问题，对公平和效率考察的标准可能比帕累托最优更严格。实际中，资源配置的合意性取决于环境信息空间的现行点（θ），目标函数并没有刻画随实现机制变动而变化的因素，而那些决定信息成本的因素仅取决于实现结果的手段。但目标结果并不能反映实现结果的手段，因而一般化理论工具与机制理论的处理方式是一致的，有必要把 F 解释为对应而不是函数，如果用 Z 来表示结果空间，则有 $F（\theta）\to Z$。

2. 关于对环境空间的考察

按照机制理论，机制设计中所有的重要因素构成了经济环境集，即环境空间。古典经济环境下，大多数分析都是在普通线性空间环境下进行，且将信息空间界定为有限维度，但是在面对尤其是非凸消费集特征的非古典环境时，这些方法和思路却受到了极大的限制。机制理论通常认为环境空间具有无限维的属性特征，有限参数的假设被认为是经验性研究的模式，仅是无限维经济环境集中的一种特例。在一般化理论工具的应用中，一个可能存在的情况是，即使是机制设计者自身，也可能不知道所处的具体环境状况，每一个经济人仅仅知道自己的环境参数，而不知道任何其他经济人的环境参数。机制设计者仅知道环境空间集（$\varTheta$）和目标函数（F）。此时，刻画环境空间的方法由普通线性空间转入欧氏空间，来应对非凸经济环境等信息空间更大更复杂的情况，但是一般化理论工具的应用不是要把问题引向复杂，而是寻求由复杂到简便的转化，其重要的任务就是寻找信息空间维度的下界，即有限维空间足以解决问题的最低信息成本。但依然存在规模报酬递增的经济环境，需要无限维信息空间解决问题的情况，此时信息成本是无限的，这是一般化理论工具所不涉及的内容。

3. 关于对隐私保障机制的选择

依据 Hurwicz（1973）的定义，机制设计的问题是：对于事先既定和已知的环境空间集 Θ、结果空间 Z 和目标函数 F，寻找一个隐私保障机制（具有经济人信息隐私保障特征的制度安排）π 实现定义于 Θ 的 F。可见，隐私保障机制的正确选择是为了能在社会目标和成本方面做得更好。现实中，大多数经济问题都是分散决策，而隐私保障的要求是没有任何一个经济人能够依据自身无法直接观察获得的经济环境参数信息进行有效决策，从而说明机制集可能会是一个空集，即不是所有的情况下都可以找到最好的隐私保障机制来解决问题，有一些既定的目标是实现不了的。一般化理论工具的应用显然也可能遇到这样的情况，决策者对一些社会目标的设定并未考虑其能够实现的程度，而是或根据政治形势需要，或根据经济发展压力作出的，这种目标可能最终很难在实践中达到。经济机制设计常常被认为是经济决策的终极问题，但却不是万能的方法，一般化理论工具依据经济机制设计理论的土壤而提出，显然也不是万能工具，隐私保障机制的选择是相对而言的，并不存在绝对可行的情况。

三、本章小结

本章进一步对解构得出的"政府引导、企业履责、公众参与"一般性分析框架进行了适度的评价和深一步的拓展分析。先确定了环境共治激励相容矛盾主要表现为政府利益目标与企业利益目标关系、企业利益目标与公众利益目标关系考察的论断，将企业作为利益目标比较的关键主体，依据企业与政府比较、企业与公众比较的思路来审查结果是否和解构得出的一般性框架中的分析结果相一致，发现激励相容的标准是可以达到的。同时研究选择从完全显示到参数传递、二维空间、单维逐层比对，直到信息发布的机制既能实现目标函数，又具有最低维度信息空间的比较原始但却最有效的思路来判定信息有效性，发现可以实现信息有效的条件。在对解构得出的环境治理一般性分析框架进行拓展时，比较了不同领域问题的本质是否相同、是否是利益分配问题、是否构成了非古典环境，进而回答了"为什么能够一般化"的问题，然后以机制设计理论中机制正常运行满足系统环境实现代言人政治压力的均衡、信息交互的有效维度最低、各主体行为利于社会总福利目标的实现的三个核心要素最低标准要求为依据，提出了"系统环境—信息交互—主体行为"多层嵌入的一般化理论工具，用来解决相似领域的治理问题。

第八章
跨域生态环境多元共治机制之结论与启示

  治理机制通常被认为是社会治理研究的"黑箱",对其构成要件和工作策略等机理问题的研究则是打开"黑箱"看到机制工作画面的钥匙。本书正是基于这样的思路考虑,在吸收以往研究成果的基础上,依据环境治理理论和经济机制设计理论,对政府为主导、企业为主体、社会组织和公众共同参与的环境治理理念进行了机制化的表达。在准确识别政府、企业、社会公众三大环境治理主体两两间作用关系的前提下,将跨域生态环境多元共治机制解构为政府引导机制、企业履责机制和公众参与机制,并对政府引导机制、企业履责机制和公众参与机制的建构基础、运作机理、博弈过程进行了详细的研究。同时将跨国营企业域和私营企业域、跨机构消费者域和个体消费者域、跨中央政府域和地方政府域的跨域特征作为背景,形成了符合中国语境的"政府引导、企业履责、公众参与"跨域生态环境多元共治机制分析框架。本书也对"政府引导、企业履责、公众参与"跨域生态环境多元共治机制进行了适度的评价和进一步的拓展分析,从经济机制设计方向考察了激励相容与信息有效两个关于机制有效性检验的重要条件,并以评价结果为依据尝试性地提出了多元共治机制的一般化理论分析工具。

一、研究结论

（一）政府通过技术创新投资的方式可以达到引导企业绿色技术改进的目标

在现代市场经济体制下，政府对企业技术创新投入引导的关键目的是激发企业创新意愿和创新能力，从而利于建设创新型国家，其中对企业环保决策引导激励成为多主体环境治理中政府可供选择的一条有效途径。无论是政府科研部门的技术创新成果正向转移给企业，还是企业反向主动吸收政府科研部门的技术创新成果，政府科技投资对企业科技投资都能够产生明显引导作用。政府科技创新投入对企业技术创新引导是一个历经演化的动态过程，且会同时产生杠杆效应和挤出效应。杠杆效应容易促使政府出台科技资源投入相关政策，进而形成资源流向示范，利于扩大科技创新投入供给规模和改善科技创新投入的供给结构，并能以政府科技创新投入为杠杆，形成整个社会科技创新投入的集聚。在发生杠杆作用的同时，也可能发生挤出效应，多数决策者和研究者在政府加大技术创新投入引导企业扩大技术创新投入的认知中，都认为挤出效应的程度很小，即使存在挤出效应，但不足以从实质上影响政府引导的最终结果。在引导过程中，如何准确选择激励合同是政府引导机制实践的核心问题，现实中政府往往面临信息不对称的复杂环境，政府直接观测信息受到种种约束，从而只能选择一些间接的信息进行适度判定得到最优激励合同，但只要判定得当，政府引导就能够得以实现。

（二）企业通过自我矫正的方式可以达到履行环境社会责任的目标

生态环境保护可视作内化于产品生产和消费之中的附带性产品，企业追逐短期利润不愿意投入较高的成本生产绿色环保产品，同时消费者为了自身健康和生态环境美化的需要渴望消费绿色产品，这种生产与消费信息的错配行径导致了扭曲的市场价格和不公平的市场竞争，传统上以价格波动、自由竞争来调整供求均衡进而推进市场运行的路径容易受阻。从矫正市场运行的视角将企业履行环境责任置于市场运行过程进行分析，是探究跨域生态环境多元共治机制的重要部分和环节，便于观测生态环境治理中企业履责机制的运转过程，利于挖掘企业缺失环境责任情况下市场运行受阻的内在原因。企业履行环境责任的外部压力条件和内在动力条件可视为矫正调整市场运行的方式选择，矫正调整同样是通过对市场运行三大要素（价格、竞争、供求）的作用影响来实现，矫正力量改变了价格与供求之间双向循环运动的状态。在环境治理过程中，企业作为市场运行的最重要构成主体，有义务为生产经营过程中造成的环境污染埋单，有责任为消费者生产出更为环保健康的高品质产品，有动力选择长期生产经营中的"绿色化"模式，在政府主导方向既定的前提下，企业能够通过强化自我矫正进而履行环境社会责任的途径促使市场发挥更好的作用。

（三）公众通过与政府合作的方式可以达到参与环境治理的目标

在实施环境规制决策过程中，问题根本是利益权衡分配问题，地方政府偏好于政绩、民生相关的政治、经济利益，社会公众偏好于生存、健康相关的环境利益，中央政府作为在既定发展方向下偏好中性的一方，始终扮演着利益仲裁者和监督者的角色，故社会公众参与环境治理的本质是公众—两级政府基于利益偏好的选择与调整问题。当前"政府主动、企业被动、公众不动"既有格局的实质性原因并非西方社会结构主义理论能够完全解释，面对环境政策在地方政府层面存在较为严重的"梗阻"现象，必须考虑人（公众个体）的主体性，政府引导公众参与环境治理需经过"赋权—认同—合作"的过程。在公众与两级政府的演化博弈过程中，如果中央政府的环保督察约束缺失，地方政府容易形式上接受环境抗争，而实际上为了地方经济利益而放松环境规制，引入中央政府环保督察是改变这种局面的有效路径。但中央环保督察也可能存在信息不对称的情况，公众参与并提供线索信息，环保督察的约束力会得到增强。此情形下，演化博弈可能会达到社会福利水平稳定平衡点。

（四）"政府引导、企业履责、公众参与"的环境多元共治机制是有效的

在实现环境目标的过程中，物质条件和技术条件是首要的严约束和硬限制，而环境目标的实现结果主要由制度设计所决定，环境目标实施结果会受到激励与信息的强烈干扰。现实中各主体之间的复杂利益矛盾使现有制度设计未能对激励共容和信息有效标准进行充分考量，从而导致环境治

155

理激励不相容、信息不对称的窘境。从各行为主体的地位和角色来看，环境共治激励相容的考察主要是对政府利益目标与企业利益目标关系、企业利益目标与公众利益目标关系的考察，但激励相容并不是绝对的，而是在相关条件的限定下才能够实现；对经济机制信息有效条件的判定是一个比较复杂的过程，通过对完全显示机制、参数传递机制和竞争机制的信息维度逐层比较，最终可获知最优信息状态。依此通过判定发现，"政府引导、企业履责、公众参与"的环境多元共治机制可以达到激励相容标准和信息有效条件的要求。

二、政策启示

（一）政府视角

从国家干预经济运行的角度来看，政府对企业技术创新投入的引导实质上是国家柔性干预的具体行为。无论是政府补贴、税收优惠、政府采购，还是更为市场化的政府引导基金，都是政府柔性干预经济的有效路径。在现代市场经济体制下，政府对企业技术创新投入引导的关键目的是激发企业的创新意愿和创新能力，从而利于建设创新型的国家。由此，政府引导企业技术创新投入可以视作一个国家发展战略层面的问题。当前，我国面临新的发展形势，政府对企业技术创新投入的引导如何进行有效的实践，是亟须讨论的问题。依据本书第四章对政府引导企业技术创新投入的机理分析，和对"政府—企业"技术创新投入参数化模型的分析可以发现，如何更好地加强杠杆效应和克服挤出效应、如何更准确地选择激励合同，是政府引导机制实践的核心问题。但现实中，政府往往面临信息不对称的复杂环境，政府直接观测信息受到种种约束，从而只能选择一些间接的信息进行适度判定得到最优激励合同。但在判定失当的情况下，政府引导面临失效甚至失败的可能。在引导机制实践中，政府只有不断地完善、改进和创新制度设定，才能最大可能地纠正判定失当和失偏的非期望情况。

1. 政府明确不同经济发展阶段企业技术创新投入的方向

政府有效引导企业技术创新投入的重要前提是政府具备科学的技术创新管理体系，而技术创新管理的首要问题即创新方向的选择。一个国家在不同的经济发展阶段面临的技术创新导向是不同的，往往需要经过引进、消化、吸收和自主研发的过程，如果政府的技术创新管理战略模糊，未能给予企业在技术创新浪潮中准确的定位，可能引发技术创新失败、停滞的不良后果。因而，政府需要科学识别当期、后期和未来阶段国家经济发展所处的阶段和经济发展所表现的重要特征，准确把握全球科技进步的浪潮，以及合理判断科技发展的态势，利用政府在信息收集、决策研判、资源整合等方面的优势，为企业准确指出阶段性技术创新投入方向。一个经验性的例子是日本在战后根据本国不同经济发展阶段特征和世界技术发展形势，相继制定了"贸易立国—缩小技术差距"、"引进吸收—提高竞争力"、"技术立国—推进技术替代"、"技术创新—由尖端向创造迈进"、"e-Japan"、"u-Japan"等一系列的技术创新管理的战略，明确了企业技术创新投入的方向，使得政府实施柔性干预（引导）的准确性和针对性得以保障，从而确保了政府引导企业技术创新投入的成效。

2. 政府建立准确有效的引导评估和引导审查制度

信息不对称的客观情况使得政府在引导对象选择上具有一定主观局限性，对引导对象选择失当可能造成引导失效甚至失败的可能。根据王杰（2020）的研究，政府激励对企业技术创新投入总体上呈现显著 U 型关系，政府激励只有在一定临界值以后才会产生较为明显的杠杆效应，而在临界值以前往往是挤出效应更为明显，且政府对企业技术创新投入的引导具有显著的异质性，即政府引导对民营企业更为有效，而对国营企业的作用不明显，这一结论为政府引导企业技术创新投入的政策完善和调整提供了有价值的参考依据。政府可依据企业的经营性质、研发投入、产出成效、战略理念等与技术创新密切相关的可观测指标，加强引导前的评估和引导后的审查。一方面准确评估企业技术创新投入引导效应的潜在成效，以此确定政府实施引导政策的方向，对不同评估结果的企业"因企而异"并"分类施策"，以期达到较好的引导结果和成效；另一方面严格审查企业技术创新投入引导效应的结果和后果，判定企业是否在引导过程中具有瞒报数据、歪曲事实等失信和虚假行为，并依据审查结果要求相关企业进行整改，同时在下一轮引导中对其进行约束性的政策调整。

3. 政府完善优化企业知识产权创造、保护与运用规范

政府引导可能产生非常好的成效，企业也可能由此获得了较好的技术创新成果。但是，技术创新具有明显的外溢性，创新成果在当前的信息化社会中可能会以极快的速度散播开来，其他企业可能会以此获得较大的收益，而技术研发创造的企业却并不能获取对等的回报，这将极大地抑制企业技术创新投入的热情和意愿，也会使得政府引导的成效大打折扣。虽然政府引导行为本身是对企业技术创新投入的一种政策性的补偿，但却并不能从本质上和根源上解决这种"搭便车"行为的损害。政府需要进一步完

善和优化知识产权创造、保护和运用的相关规范,确保最优的知识产权保护强度,从立法、执法、司法、普法等多个方向共同努力,详细划定知识产权创造、保护与运用当中的法律界限,科学研判知识产权纠纷中的责任主体,合理确定知识产权保护的相关补偿标准,以经济与法律相结合的手段确保知识产权保护工作落实执行,较好地解决技术创新溢出带来的相关问题,确保政府对企业技术创新投入引导成效最大限度地发挥。

(二)企业视角

在环境治理的过程中,企业作为最重要构成主体,在政府主导方向既定的前提下,如何能够通过强化自我矫正的途径更好地履行环境社会责任是研究者关注的重点。党的十九大提出以政府为主导、企业为主体、社会公众共同参与的环境治理新理念,已经明确了现阶段企业在环境治理体系中的突出位置。企业作为生产经营的主体方,有义务为生产经营过程中造成的环境污染埋单,有责任为消费者生产出更为环保健康的高品质产品,有动力选择长期生产经营中的"绿色化"模式。无论是否有政府力量的介入,企业都扮演着市场运行中最重要的角色,企业具体行为的选择将在很大程度上决定着环境治理过程中企业履责机制的运行。

1. 企业将消费者"绿色需求"内化成自身的环境价值观

在长期的生产经营中,绿色转型的利润驱动力成为企业改变生产经营战略的最直接动力,而社会消费者的消费偏好由一般性功能产品需求转变为绿色功能产品需求,即"绿色需求"是产生这一动力的最重要原因,"绿色需求"的逐渐增加成为企业主动实施绿色发展战略的主要驱动力。在消费偏好根本性转变的同时,企业被迫转变自身的生产经营价值观,进而迎合消费者消费偏好的变化。企业生产经营的产品必须符合绿色标准

（抽象化的环境标准），在消费者消费的过程中不会对消费者产生伤害，也不会因为污染排放对生态环境造成巨大的压力，其生产的产品才能被消费者所接受。从消费者对企业的信息反馈来看，更多的消费者对企业本身提出了绿色化的要求，只要企业在生产经营中出现环保方面的严重污点，就可能会引起消费者的强烈排斥和反感，产品无形中就容易被贴上非绿色产品的标签，企业也会被认为是缺乏环境责任感的企业，消费者会转而优先考虑选择环境形象好的企业生产经营的产品。这种来自消费者选择的压力迫使企业必须将消费者的"绿色需求"内化成企业自身的环境价值观，并在生产经营过程中通过环境价值观来指导生产实践和引导消费者绿色消费。一方面要从原材料采购、生产制造、销售经营和用户使用等环节对产品全生命周期进行绿色管理，全面充分地分析企业生产经营对外部生态环境的影响，深度实现企业生产经营的"绿色产品"与消费者的"绿色需求"完美匹配对接，最终实现企业长期利润的获得；另一方面要加强企业与消费者之间的信息交互与价值理念同步，促使企业—公共（消费者）共同环境价值观的形成，进一步研究和认知消费者绿色消费理念的变化趋势，提前做好企业绿色生产经营战略调整的预判，保证企业未来的可持续发展。

2. 企业不断推进自觉履行环境责任的先进企业文化变革

Poter指出企业对环境资源的有力保护和有效利用是提升国家竞争力的最重要方面，企业生产经营的微观行为会对宏观领域内整个国家在全球领域的生存发展造成重要的影响。当前，企业不断推进自觉履行环境责任的先进企业文化变革和创新是新阶段内贯彻新发展理念、构建新发展格局、推动经济社会高质量可持续发展的重要路径。现实中，由于市场经济本身存在的自发、盲目、唯利等影响生产与消费协调性的诸多因素的存在，使企业对公共环境资源的消耗无所顾忌。导致自由市场并不能保证企业绿色发展，缺乏矫正条件的市场运行难以调整非绿色发展决策。因此必须强化矫正力量，借助外压力矫正和内驱力矫正的共同作用来扭转这种不利倾向。但借助外压力矫正培养先进企业文化有其缺陷的一面，如法律法规的制定难以惠及全部利益主体，政府管制的刚性干预政策容易引发社会福利损失的副作用等，这时就需要企业内驱力矫正作用的最大化发挥。企业是"生产"的企业，同时也是"消费"的企业，企业作为特殊的社会成员，考虑到长期利润的获取和自身可持续发展，必须通过自我环境管理的实施来主动变革和创新，促生先进的企业环境文化，提升企业自身的竞争能力。一个较好的思路是企业主动实施企业环境管理——ISO14001 体系标准，通过对现有生产经营管理标准的改进，使得企业在创立、成长、发展的过程中始终遵循先进企业文化——企业环境文化的指向要求，在生产经营过程中自觉履行环境责任，在为股东创造长期利润的同时，能够接受和发扬"财富产生责任"的先进理念，相信在文化伦理维度上"绿色"、"干净"的企业才能在自由、竞争的市场中获得更多的收益。

3. 企业主动探索商业模式转型的"绿色发展"路径

无论是大中型企业还是小微企业，在通过竞争赢取未来"绿色供应链"主导地位的过程中，主动探索商业模式转型的"绿色发展"路径已成为迫在眉睫的关键任务，而转型成功与否将决定着企业履行环境责任的最终结果。企业对"绿色发展"路径的选择不仅取决于自身的发展阶段，还取决于整个行业绿色生产经营的管理水平和行业内竞争者的环境战略决策，三个方面的因素共同决定了企业绿色发展的行为决策。行业内积极的绿色发展氛围会明显调动个体企业绿色生产经营的主动性和积极性，促使企业之间展开绿色发展方面的良性竞争。企业在这种"氛围"与"竞争"

中，只有主动调整和实施绿色生产经营的管理战略，才能赢取自身在整个"绿色供应链"中的主导地位，也才能进一步发挥自身在供应链中的资源整合优势。只有科学合理地对供应链中的资源进行整合，才能更好地建立起高效、绿色、节约、可循环的绿色商业系统。但从当前经济社会发展的阶段和水平来看，企业建立全新的绿色商业系统还面临着较大的困难和挑战，一是当前经济社会发展中最具活力的中小微企业的平均盈利能力不足，整体的抗风险能力较弱，基本上都处在短期生产经营的利润周期内，需要较大前期资本投资，复杂程度较高的高效、绿色、节约、可循环的绿色商业系统难以很快建立；二是当前政府关于引导企业履行环境责任相关政策的理论和实践还不丰富，政府刚性干预的管制类政策引发的副作用较大，损失了较多的社会福利，柔性干预的引导类政策实施不足，难以精准识别和详细区分可以有效干预的对象企业。因此，内外部共同作用促使企业主动探索商业模式转型的"绿色发展"路径应是未来环境治理过程中亟须研究的方向。

（三）公众视角

如果没有公众参与并提供线索信息，中央政府在环境治理中信息不对称可能加剧，环保督察工作成效可能弱化，演化博弈不一定能够达到社会福利水平稳定平衡点，中央给压力、地方来推动、公众都参与的期望状态并不一定能够实现。因此，公众参与环境治理的实践不仅取决于地方政府对政治利益、经济利益和环境利益问题的权衡，也取决于中央政府的环境制度设计。可见，中国语境下公众参与机制的实践路径选择并不是单纯以公众作为主体视角，而是需以公众和政府共同作为主体视角进行分析。

1. 以公众参与环境治理意识培养为导向的环境教育体系改进

政府有效引导公众参与环境治理的首要前提是公众必须具有较好的环境意识，过于薄弱的环境意识极有可能导致公众参与环境治理责任感的严重塌陷，从而不利于政府主导下公众参与的环境治理理念的实践，也可能影响新阶段我国社会治理的阶段性进程。要实现增强公众参与环境治理责任感的目标，必然需要尽最大可能地发挥环境教育的功能。但由于我国地区经济社会发展水平的巨大差异，环境教育体系构建中存在环境教育动力不足、教育资源分配不均、教育手段与形式单一、教育定位和目标难统一等严峻问题。因此，政府需以制定专项法律法规为途径，通过国家强制力来最大可能地保证环境教育的普及与开展，在相关法律法规中明确公众具有进行环境教育的权利与义务，明确环境教育资金的使用去向，明确相关部门的管理、监督责任，确保环境教育的开展有法可依。需根据不同地区的发展阶段和发展情况以及生态资源禀赋情况开展与当地群众相适应的环境教育，争取利用多种形式和手段开展环境教育，在经济发展水平较高、工商业生产活动集中的较发达地区，环境教育的目标定位应突出较高标准，而在经济发展水平较低、工商业生产活动落后的地区，环境教育的目标不宜以高标准作为要求，而应突出实用和解决问题为标准，主要是需要率先提升党政领导及企业领导的环境责任意识。需区分受教育人群，有针对性地开展环境教育工作，形成学校、社会和自我教育的多层次体系，注意区分不同文化知识水平的公众对于环境教育的可接受程度，除利用网络、电视、广播、报刊、书籍等媒体外，还可以用展览、公益演讲等公众易于接受的方式，使得环境教育过程中融入更多形象性和趣味性，进而促成环境道德规范。

2. 以公众参与环境治理成本降低为导向的信息公开制度完善

公众参与环境治理的成本主要包括污染识别、抗争选择和监督反馈的各类信息搜寻成本。现实中，由于环境数据的敏感性和涉及对利益集团的不良社会影响，信息搜寻成本非常高，信息阻隔作用非常大，其主要原因还是环境治理的信息公开制度不完善，导致公众参与环境治理找不到"信息抓手"。因此，需从政府和企业双向层面规范和完善环境信息公开制度，一方面政府要全面制定和主动公布环境排污标准、环境基础标准、环境监测标准、环境评价标准等一系列涉及环境质量的官方标准，及时发布相关的环境监测信息，使公众能够及时、全面、科学地了解和获取环境方面的详细信息，通过建立咨询渠道使得公众有机会、有路径能够比较方便顺畅地获取影响环境决策的各类信息，通过学习、培训、参观、考察和参与环境报告撰写的方式使得公众能够快速获取第一时间的环境资料。另一方面政府要求企业尽可能做比较详细的环境信息披露，及时公布企业生产经营中的环境保护情况、污染发生情况和实际污染治理情况，尤其是对被列入环境污染重点监控的企业，必须公布污染排放物的标准量和超标量、污染排放量的总额和限额，明确公布企业的环境政策方针、环境守法情况、环境整治情况，并对企业执行政府环境规制政策的总体情况和结果进行公开化，从而较大程度地降低公众参与环境治理的信息搜寻成本，为公众更好地参与环境治理创造必要和有效的信息环境。

3. 以公众参与环境治理能力提升为导向的法律法规保障强化

在当前的中国语境下，环境治理权力由集中到分化是一种必然的趋势，从政府"一手包办"到公众参与治理的理念革新与实践，实际上是环境治理权由政府独享逐渐变更为政府与公众共享的过程，是公众参与环境治理权力分配的切实反映。在这一理念实践的过程中，需要进一步完善公众参与环境治理的法律制度，对公众参与环境治理的方法、途径、程序要做深一步的探索和宽一步的拓展，将公众多层次、多方向、多领域、多途径参与环境治理以立法的形式进行界定。例如，对公民有权自愿成立环保团体和相关组织，依法享有组织、参与、管理、监督和仲裁环境事务的相关权力，在处理环境事务时，有权依法提起关于环境问题的行政复议和行政诉讼，有权申请参与行政立法、司法机构和各级政府协商处理环境问题的相关听证、会议、讨论等活动。同时，要保障公众参与环境评价、参与环境执法、参与环境补偿等方面的权益，使公众有权对区域开发和建设项目的环境影响作出科学合理的评价，有权参加对相关环境项目监管过程中的检查和执法；保障公众参与环境治理的正当权益，以明确的法律法规保护公众参与环境治理行为不受侵害，一旦有侵害公众参与的事件发生，司法部门必须强势介入，严格按照法律法规对受侵害的公众予以补偿。据此，只有不断强化法律保障，降低公众参与环境治理的侵害成本、机会成本等不确定性风险，才能形成具有组织化和规范化特征的公众参与行为，进而增强公众参与环境治理的能力。

三、研究展望

本书系统性地研究了跨域生态环境多元共治机制，将"跨域"作为背景进行考虑，虽然对跨国营企业与民营企业域、跨机构消费者与个体消费者域、跨中央政府与地方政府域的作用关系进行了分析，但未能对更为复杂的不同域间影响路径问题进行分析。同时，本书主要是对环境多元共治机制的理论进行探索性、尝试性的研究，即理论的探索先于实践而产生，因而相对应的环境多元共治机制实践案例选取比较困难，这造成了实践检验方面的匮乏。

环境治理制度设计的研究始终是环境领域的焦点和热点，当前理论界更多的研究是在相关制度既定环境下来探讨、验证、评价现有制度成效，而对既定环境目标下设计最优制度方面的研究偏少。依据本书的研究作为参照，后期生态环境多元共治机制领域的研究亟须在不同主体间的作用路径、目标机制的评价与验证、相关机制间的交互影响等方向做出深入探索。

附　录

中共中央办公厅　国务院办公厅
《关于构建现代环境治理体系的指导意见》

（2020 年 3 月 3 日）

为贯彻落实党的十九大部署，构建党委领导、政府主导、企业主体、社会组织和公众共同参与的现代环境治理体系，现提出如下意见。

一、总体要求

（一）指导思想。以习近平新时代中国特色社会主义思想为指导，全面贯彻党的十九大和十九届二中、三中、四中全会精神，深入贯彻习近平生态文明思想，紧紧围绕统筹推进"五位一体"总体布局和协调推进"四个全面"战略布局，认真落实党中央、国务院决策部署，牢固树立绿色发展理念，以坚持党的集中统一领导为统领，以强化政府主导作用为关键，以深化企业主体作用为根本，以更好动员社会组织和公众共同参与为支撑，实现政府治理和社会调节、企业自治良性互动，完善体制机制，强化源头治理，形成工作合力，为推动生态环境根本好转、建设生态文明和美丽中国提供有力制度保障。

（二）基本原则。

——坚持党的领导。贯彻党中央关于生态环境保护的总体要求，实行生态环境保护党政同责、一岗双责。

——坚持多方共治。明晰政府、企业、公众等各类主体权责，畅通参与渠道，形成全社会共同推进环境治理的良好格局。

——坚持市场导向。完善经济政策，健全市场机制，规范环境治理市场行为，强化环境治理诚信建设，促进行业自律。

——坚持依法治理。健全法律法规标准，严格执法、加强监管，加快补齐环境治理体制机制短板。

（三）主要目标。到 2025 年，建立健全环境治理的领导责任体系、企业责任体系、全民行动体系、监管体系、市场体系、信用体系、法律法规政策体系，落实各类主体责任，提高市场主体和公众参与的积极性，形成导向清晰、决策科学、执行有力、激励有效、多元参与、良性互动的环境治理体系。

二、健全环境治理领导责任体系

（四）完善中央统筹、省负总责、市县抓落实的工作机制。党中央、国务院统筹制定生态环境保护的大政方针，提出总体目标，谋划重大战略举措。制定实施中央和国家机关有关部门生态环境保护责任清单。省级党委和政府对本地区环境治理负总体责任，贯彻执行党中央、国务院各项决策部署，组织落实目标任务、政策措施，加大资金投入。市县党委和政府承担具体责任，统筹做好监管执法、市场规范、资金安排、宣传教育等工作。

（五）明确中央和地方财政支出责任。制定实施生态环境领域中央与地方财政事权和支出责任划分改革方案，除全国性、重点区域流域、跨区域、国际合作等环境治理重大事务外，主要由地方财政承担环境治理支出责任。按照财力与事权相匹配的原则，在进一步理顺中央与地方收入划分和完善转移支付制度改革中统筹考虑地方环境治理的财政需求。

（六）开展目标评价考核。着眼环境质量改善，合理设定约束性和预期性目标，纳入国民经济和社会发展规划、国土空间规划以及相关专项规划。各地区可制定符合实际、体现特色的目标。完善生态文明建设目标评价考核体系，对相关专项考核进行精简整合，促进开展环境治理。

（七）深化生态环境保护督察。实行中央和省（自治区、直辖市）两级生态环境保护督察体制。以解决突出生态环境问题、改善生态环境质量、推动经济高质量发展为重点，推进例行督察，加强专项督察，严格督察整改。进一步完善排查、交办、核查、约谈、专项督察"五步法"工作模式，强化监督帮扶，压实生态环境保护责任。

三、健全环境治理企业责任体系

（八）依法实行排污许可管理制度。加快排污许可管理条例立法进程，完善排污许可制度，加强对企业排污行为的监督检查。按照新老有别、平稳过渡原则，妥善处理排污许可与环评制度的关系。

（九）推进生产服务绿色化。从源头防治污染，优化原料投入，依法依规淘汰落后生产工艺技术。积极践行绿色生产方式，大力开展技术创新，加大清洁生产推行力度，加强全过程管理，减少污染物排放。提供资源节约、环境友好的产品和服务。落实生产者责任延伸制度。

（十）提高治污能力和水平。加强企业环境治理责任制度建设，督促企业严格执行法律法规，接受社会监督。重点排污企业要安装使用监测设备并确保正常运行，坚决杜绝治理效果和监测数据造假。

（十一）公开环境治理信息。排污企业应通过企业网站等途径依法公开主要污染物名称、排放方式、执行标准以及污染防治设施建设和运行情况，并对信息真实性负责。鼓励排污企业在确保安全生产前提下，通过设立企业开放日、建设教育体验场所等形式，向社会公众开放。

四、健全环境治理全民行动体系

（十二）强化社会监督。完善公众监督和举报反馈机制，充分发挥"12369"环保举报热线作用，畅通环保监督渠道。加强舆论监督，鼓励新闻媒体对各类破坏生态环境问题、突发环境事件、环境违法行为进行曝光。引导具备资格的环保组织依法开展生态环境公益诉讼等活动。

（十三）发挥各类社会团体作用。工会、共青团、妇联等群团组织要积极动员广大职工、青年、妇女参与环境治理。行业协会、商会要发挥桥梁纽带作用，促进行业自律。加强对社会组织的管理和指导，积极推进能力建设，大力发挥环保志愿者作用。

（十四）提高公民环保素养。把环境保护纳入国民教育体系和党政领导干部培训体系，组织编写环境保护读本，推进环境保护宣传教育进学校、进家庭、进社区、进工厂、进机关。加大环境公益广告宣传力度，研发推广环境文化产品。引导公民自觉履行环境保护责任，逐步转变落后的生活风俗习惯，积极开展垃圾分类，践行绿色生活方式，倡导绿色出行、绿色消费。

五、健全环境治理监管体系

（十五）完善监管体制。整合相关部门污染防治和生态环境保护执法职责、队伍，统一实行生态环境保护执法。全面完成省以下生态环境机构监测监察执法垂直管理制度改革。实施"双随机、一公开"环境监管模式。推动跨区域跨流域污染防治联防联控。除国家组织的重大活动外，各地不得因召开会议、论坛和举办大型活动等原因，对企业采取停产、限产措施。

（十六）加强司法保障。建立生态环境保护综合行政执法机关、公安机关、检察机关、审判机关信息共享、案情通报、案件移送制度。强化对破坏生态环境违法犯罪行为的查处侦办，加大对破坏生态环境案件起诉力度，加强检察机关提起生态环境公益诉讼工作。在高级人民法院和具备条件的中基层人民法院调整设立专门的环境审判机构，统一涉生态环境案件的受案范围、审理程序等。探索建立"恢复性司法实践+社会化综合治理"审判结果执行机制。

（十七）强化监测能力建设。加快构建陆海统筹、天地一体、上下协同、信息共享的生态环境监测网络，实现环境质量、污染源和生态状况监测全覆盖。实行"谁考核、谁监测"，不断完善生态环境监测技术体系，全面提高监测自动化、标准化、信息化水平，推动实现环境质量预报预警，确保监测数据"真、准、全"。推进信息化建设，形成生态环境数据一本台账、一张网络、一个窗口。加大监测技术装备研发与应用力度，推动监测装备精准、快速、便携化发展。

六、健全环境治理市场体系

（十八）构建规范开放的市场。深入推进"放管服"改革，打破地区、行业壁垒，对各类所有制企业一视同仁，平等对待各类市场主体，引导各类资本参与环境治理投资、建设、运行。规范市场秩序，减少恶性竞争，防止恶意低价中标，加快形成公开透明、规范有序的环境治理市场环境。

（十九）强化环保产业支撑。加强关键环保技术产品自主创新，推动环保首台（套）重大技术装备示范应用，加快提高环保产业技术装备水平。做大做强龙头企业，培育一批专业化骨干企业，扶持一批专特优精中小企业。鼓励企业参与绿色"一带一路"建设，带动先进的环保技术、装备、产能走出去。

（二十）创新环境治理模式。积极推行环境污染第三方治理，开展园区污染防治第三方治理示范，探索统一规划、统一监测、统一治理的一体化服务模式。开展小城镇环境综合治理托管服务试点，强化系统治理，实行按效付费。对工业污染地块，鼓励采用"环境修复+开发建设"模式。

（二十一）健全价格收费机制。严格落实"谁污染、谁付费"政策导向，建立健全"污染者付费+第三方治理"等机制。按照补偿处理成本并合理盈利原则，完善并落实污水垃圾处理收费政策。综合考虑企业和居民承受能力，完善差别化电价政策。

七、健全环境治理信用体系

（二十二）加强政务诚信建设。建立健全环境治理政务失信记录，将地方各级政府和公职人员在环境保护工作中因违法违规、失信违约被司法判决、行政处罚、纪律处分、问责处理等信息纳入政务失信记录，并归集至相关信用信息共享平台，依托"信用中国"网站等依法依规逐步公开。

（二十三）健全企业信用建设。完善企业环保信用评价制度，依据评价结果实施分级分类监管。建立排污企业黑名单制度，将环境违法企业依法依规纳入失信联合惩戒对象名单，将其违法信息记入信用记录，并按照国家有关规定纳入全国信用信息共享平台，依法向社会公开。建立完善上市公司和发债企业强制性环境治理信息披露制度。

八、健全环境治理法律法规政策体系

（二十四）完善法律法规。制定修订固体废物污染防治、长江保护、海洋环境保护、生态环境监测、环境影响评价、清洁生产、循环经济等方面的法律法规。鼓励有条件的地方在环境治理领域先于国家进行立法。严格执法，对造成生态环境损害的，依法依规追究赔偿责任；对构成犯罪的，依法追究刑事责任。

（二十五）完善环境保护标准。立足国情实际和生态环境状况，制定修订环境质量标准、污染物排放（控制）标准以及环境监测标准等。推动完善产品环保强制性国家标准。做好生态环境保护规划、环境保护标准与产业政策的衔接配套，健全标准实施信息反馈和评估机制。鼓励开展各类涉及环境治理的绿色认证制度。

（二十六）加强财税支持。建立健全常态化、稳定的中央和地方环境治理财政资金投入机制。健全生态保护补偿机制。制定出台有利于推进产业结构、能源结构、运输结构和用地结构调整优化的相关政策。严格执行环境保护税法，促进企业降低大气污染物、水污染物排放浓度，提高固体废物综合利用率。贯彻落实好现行促进环境保护和污染防治的税收优惠政策。

（二十七）完善金融扶持。设立国家绿色发展基金。推动环境污染责任保险发展，在环境高风险领域研究建立环境污染强制责任保险制度。开展排污权交易，研究探索对排污权交易进行抵质押融资。鼓励发展重大环保装备融资租赁。加快建立省级土壤污染防治基金。统一国内绿色债券标准。

九、强化组织领导

（二十八）加强组织实施。地方各级党委和政府要根据本意见要求，结合本地区发展实际，进一步细化落实构建现代环境治理体系的目标任务和政策措施，确保本意见确定的重点任务及时落地见效。国家发展改革委要加强统筹协调和政策支持，生态环境部要牵头推进相关具体工作，有关部门各负其责、密切配合，重大事项及时向党中央、国务院报告。

国务院
《排污许可管理条例》

（2021 年 1 月 24 日）

第一章　总则

第一条　为了加强排污许可管理，规范企业事业单位和其他生产经营者排污行为，控制污染物排放，保护和改善生态环境，根据《中华人民共和国环境保护法》等有关法律，制定本条例。

第二条　依照法律规定实行排污许可管理的企业事业单位和其他生产

经营者（以下称排污单位），应当依照本条例规定申请取得排污许可证；未取得排污许可证的，不得排放污染物。

根据污染物产生量、排放量、对环境的影响程度等因素，对排污单位实行排污许可分类管理：

（一）污染物产生量、排放量或者对环境的影响程度较大的排污单位，实行排污许可重点管理；

（二）污染物产生量、排放量和对环境的影响程度都较小的排污单位，实行排污许可简化管理。

实行排污许可管理的排污单位范围、实施步骤和管理类别名录，由国务院生态环境主管部门拟订并报国务院批准后公布实施。制定实行排污许可管理的排污单位范围、实施步骤和管理类别名录，应当征求有关部门、行业协会、企业事业单位和社会公众等方面的意见。

第三条　国务院生态环境主管部门负责全国排污许可的统一监督管理。

设区的市级以上地方人民政府生态环境主管部门负责本行政区域排污许可的监督管理。

第四条　国务院生态环境主管部门应当加强全国排污许可证管理信息平台建设和管理，提高排污许可在线办理水平。

排污许可证审查与决定、信息公开等应当通过全国排污许可证管理信息平台办理。

第五条　设区的市级以上人民政府应当将排污许可管理工作所需经费列入本级预算。

第二章　申请与审批

第六条　排污单位应当向其生产经营场所所在地设区的市级以上地方人民政府生态环境主管部门（以下称审批部门）申请取得排污许可证。

排污单位有两个以上生产经营场所排放污染物的，应当按照生产经营场所分别申请取得排污许可证。

第七条　申请取得排污许可证，可以通过全国排污许可证管理信息平台提交排污许可证申请表，也可以通过信函等方式提交。

排污许可证申请表应当包括下列事项：

（一）排污单位名称、住所、法定代表人或者主要负责人、生产经营场所所在地、统一社会信用代码等信息；

（二）建设项目环境影响报告书（表）批准文件或者环境影响登记表备案材料；

（三）按照污染物排放口、主要生产设施或者车间、厂界申请的污染物排放种类、排放浓度和排放量，执行的污染物排放标准和重点污染物排放总量控制指标；

（四）污染防治设施、污染物排放口位置和数量，污染物排放方式、排放去向、自行监测方案等信息；

（五）主要生产设施、主要产品及产能、主要原辅材料、产生和排放污染物环节等信息，及其是否涉及商业秘密等不宜公开情形的情况说明。

第八条　有下列情形之一的，申请取得排污许可证还应当提交相应材料：

（一）属于实行排污许可重点管理的，排污单位在提出申请前已通过全国排污许可证管理信息平台公开单位基本信息、拟申请许可事项的说明材料；

（二）属于城镇和工业污水集中处理设施的，排污单位的纳污范围、管网布置、最终排放去向等说明材料；

（三）属于排放重点污染物的新建、改建、扩建项目以及实施技术改造项目的，排污单位通过污染物排放量削减替代获得重点污染物排放总量控制指标的说明材料。

第九条　审批部门对收到的排污许可证申请，应当根据下列情况分别作出处理：

（一）依法不需要申请取得排污许可证的，应当即时告知不需要申请取得排污许可证；

（二）不属于本审批部门职权范围的，应当即时作出不予受理的决定，并告知排污单位向有审批权的生态环境主管部门申请；

（三）申请材料存在可以当场更正的错误的，应当允许排污单位当场更正；

（四）申请材料不齐全或者不符合法定形式的，应当当场或者在 3 日内出具告知单，一次性告知排污单位需要补正的全部材料；逾期不告知的，自收到申请材料之日起即视为受理；

（五）属于本审批部门职权范围，申请材料齐全、符合法定形式，或者排污单位按照要求补正全部申请材料的，应当受理。

审批部门应当在全国排污许可证管理信息平台上公开受理或者不予受理排污许可证申请的决定，同时向排污单位出具加盖本审批部门专用印章和注明日期的书面凭证。

第十条　审批部门应当对排污单位提交的申请材料进行审查，并可以对排污单位的生产经营场所进行现场核查。

审批部门可以组织技术机构对排污许可证申请材料进行技术评估，并承担相应费用。

技术机构应当对其提出的技术评估意见负责，不得向排污单位收取任何费用。

第十一条　对具备下列条件的排污单位，颁发排污许可证：

（一）依法取得建设项目环境影响报告书（表）批准文件，或者已经办理环境影响登记表备案手续；

（二）污染物排放符合污染物排放标准要求，重点污染物排放符合排污许可证申请与核发技术规范、环境影响报告书（表）批准文件、重点污染物排放总量控制要求；其中，排污单位生产经营场所位于未达到国家环境质量标准的重点区域、流域的，还应当符合有关地方人民政府关于改善生态环境质量的特别要求；

（三）采用污染防治设施可以达到许可排放浓度要求或者符合污染防治可行技术；

（四）自行监测方案的监测点位、指标、频次等符合国家自行监测规范。

第十二条　对实行排污许可简化管理的排污单位，审批部门应当自受理申请之日起 20 日内作出审批决定；对符合条件的颁发排污许可证，对不符合条件的不予许可并书面说明理由。

对实行排污许可重点管理的排污单位，审批部门应当自受理申请之日起 30 日内作出审批决定；需要进行现场核查的，应当自受理申请之日起 45 日内作出审批决定；对符合条件的颁发排污许可证，对不符合条件的不予许可并书面说明理由。

审批部门应当通过全国排污许可证管理信息平台生成统一的排污许可

证编号。

第十三条　排污许可证应当记载下列信息：

（一）排污单位名称、住所、法定代表人或者主要负责人、生产经营场所所在地等；

（二）排污许可证有效期限、发证机关、发证日期、证书编号和二维码等；

（三）产生和排放污染物环节、污染防治设施等；

（四）污染物排放口位置和数量、污染物排放方式和排放去向等；

（五）污染物排放种类、许可排放浓度、许可排放量等；

（六）污染防治设施运行和维护要求、污染物排放口规范化建设要求等；

（七）特殊时段禁止或者限制污染物排放的要求；

（八）自行监测、环境管理台账记录、排污许可证执行报告的内容和频次等要求；

（九）排污单位环境信息公开要求；

（十）存在大气污染物无组织排放情形时的无组织排放控制要求；

（十一）法律法规规定排污单位应当遵守的其他控制污染物排放的要求。

第十四条　排污许可证有效期为5年。

排污许可证有效期届满，排污单位需要继续排放污染物的，应当于排污许可证有效期届满60日前向审批部门提出申请。审批部门应当自受理申请之日起20日内完成审查；对符合条件的予以延续，对不符合条件的不予延续并书面说明理由。

排污单位变更名称、住所、法定代表人或者主要负责人的，应当自变更之日起30日内，向审批部门申请办理排污许可证变更手续。

第十五条　在排污许可证有效期内，排污单位有下列情形之一的，应当重新申请取得排污许可证：

（一）新建、改建、扩建排放污染物的项目；

（二）生产经营场所、污染物排放口位置或者污染物排放方式、排放去向发生变化；

（三）污染物排放口数量或者污染物排放种类、排放量、排放浓度增加。

第十六条　排污单位适用的污染物排放标准、重点污染物总量控制要求发生变化，需要对排污许可证进行变更的，审批部门可以依法对排污许可证相应事项进行变更。

第三章　排污管理

第十七条　排污许可证是对排污单位进行生态环境监管的主要依据。

排污单位应当遵守排污许可证规定，按照生态环境管理要求运行和维护污染防治设施，建立环境管理制度，严格控制污染物排放。

第十八条　排污单位应当按照生态环境主管部门的规定建设规范化污染物排放口，并设置标志牌。

污染物排放口位置和数量、污染物排放方式和排放去向应当与排污许可证规定相符。

实施新建、改建、扩建项目和技术改造的排污单位，应当在建设污染防治设施的同时，建设规范化污染物排放口。

第十九条　排污单位应当按照排污许可证规定和有关标准规范，依法开展自行监测，并保存原始监测记录。原始监测记录保存期限不得少于 5 年。

排污单位应当对自行监测数据的真实性、准确性负责，不得篡改、伪造。

第二十条　实行排污许可重点管理的排污单位，应当依法安装、使用、维护污染物排放自动监测设备，并与生态环境主管部门的监控设备联网。

排污单位发现污染物排放自动监测设备传输数据异常的，应当及时报告生态环境主管部门，并进行检查、修复。

第二十一条　排污单位应当建立环境管理台账记录制度，按照排污许可证规定的格式、内容和频次，如实记录主要生产设施、污染防治设施运行情况以及污染物排放浓度、排放量。环境管理台账记录保存期限不得少于 5 年。

排污单位发现污染物排放超过污染物排放标准等异常情况时，应当立即采取措施消除、减轻危害后果，如实进行环境管理台账记录，并报告生态环境主管部门，说明原因。超过污染物排放标准等异常情况下的污染物排放计入排污单位的污染物排放量。

第二十二条　排污单位应当按照排污许可证规定的内容、频次和时间要求，向审批部门提交排污许可证执行报告，如实报告污染物排放行为、排放浓度、排放量等。

排污许可证有效期内发生停产的，排污单位应当在排污许可证执行报告中如实报告污染物排放变化情况并说明原因。

排污许可证执行报告中报告的污染物排放量可以作为年度生态环境统计、重点污染物排放总量考核、污染源排放清单编制的依据。

第二十三条　排污单位应当按照排污许可证规定，如实在全国排污许可证管理信息平台上公开污染物排放信息。

污染物排放信息应当包括污染物排放种类、排放浓度和排放量，以及污染防治设施的建设运行情况、排污许可证执行报告、自行监测数据等；其中，水污染物排入市政排水管网的，还应当包括污水接入市政排水管网位置、排放方式等信息。

第二十四条　污染物产生量、排放量和对环境的影响程度都很小的企业事业单位和其他生产经营者，应当填报排污登记表，不需要申请取得排污许可证。

需要填报排污登记表的企业事业单位和其他生产经营者范围名录，由国务院生态环境主管部门制定并公布。制定需要填报排污登记表的企业事业单位和其他生产经营者范围名录，应当征求有关部门、行业协会、企业事业单位和社会公众等方面的意见。

需要填报排污登记表的企业事业单位和其他生产经营者，应当在全国排污许可证管理信息平台上填报基本信息、污染物排放去向、执行的污染物排放标准以及采取的污染防治措施等信息；填报的信息发生变动的，应当自发生变动之日起20日内进行变更填报。

第四章　监督检查

第二十五条　生态环境主管部门应当加强对排污许可的事中事后监管，将排污许可执法检查纳入生态环境执法年度计划，根据排污许可管理类别、排污单位信用记录和生态环境管理需要等因素，合理确定检查频次和检查方式。

生态环境主管部门应当在全国排污许可证管理信息平台上记录执法检查时间、内容、结果以及处罚决定，同时将处罚决定纳入国家有关信用信息系统向社会公布。

第二十六条　排污单位应当配合生态环境主管部门监督检查，如实反映情况，并按照要求提供排污许可证、环境管理台账记录、排污许可证执行报告、自行监测数据等相关材料。

禁止伪造、变造、转让排污许可证。

第二十七条　生态环境主管部门可以通过全国排污许可证管理信息平台监控排污单位的污染物排放情况，发现排污单位的污染物排放浓度超过许可排放浓度的，应当要求排污单位提供排污许可证、环境管理台账记录、排污许可证执行报告、自行监测数据等相关材料进行核查，必要时可以组织开展现场监测。

第二十八条　生态环境主管部门根据行政执法过程中收集的监测数据，以及排污单位的排污许可证、环境管理台账记录、排污许可证执行报告、自行监测数据等相关材料，对排污单位在规定周期内的污染物排放量，以及排污单位污染防治设施运行和维护是否符合排污许可证规定进行核查。

第二十九条　生态环境主管部门依法通过现场监测、排污单位污染物排放自动监测设备、全国排污许可证管理信息平台获得的排污单位污染物排放数据，可以作为判定污染物排放浓度是否超过许可排放浓度的证据。

排污单位自行监测数据与生态环境主管部门及其所属监测机构在行政执法过程中收集的监测数据不一致的，以生态环境主管部门及其所属监测机构收集的监测数据作为行政执法依据。

第三十条　国家鼓励排污单位采用污染防治可行技术。国务院生态环境主管部门制定并公布污染防治可行技术指南。

排污单位未采用污染防治可行技术的，生态环境主管部门应当根据排污许可证、环境管理台账记录、排污许可证执行报告、自行监测数据等相关材料，以及生态环境主管部门及其所属监测机构在行政执法过程中收集的监测数据，综合判断排污单位采用的污染防治技术能否稳定达到排污许可证规定；对不能稳定达到排污许可证规定的，应当提出整改要求，并可以增加检查频次。

制定污染防治可行技术指南，应当征求有关部门、行业协会、企业事业单位和社会公众等方面的意见。

第三十一条　任何单位和个人对排污单位违反本条例规定的行为，均有向生态环境主管部门举报的权利。

接到举报的生态环境主管部门应当依法处理，按照有关规定向举报人反馈处理结果，并为举报人保密。

第五章　法律责任

第三十二条　违反本条例规定，生态环境主管部门在排污许可证审批或者监督管理中有下列行为之一的，由上级机关责令改正；对直接负责的主管人员和其他直接责任人员依法给予处分：

（一）对符合法定条件的排污许可证申请不予受理或者不在法定期限内审批；

（二）向不符合法定条件的排污单位颁发排污许可证；

（三）违反审批权限审批排污许可证；

（四）发现违法行为不予查处；

（五）不依法履行监督管理职责的其他行为。

第三十三条　违反本条例规定，排污单位有下列行为之一的，由生态环境主管部门责令改正或者限制生产、停产整治，处20万元以上100万元以下的罚款；情节严重的，报经有批准权的人民政府批准，责令停业、关闭：

（一）未取得排污许可证排放污染物；

（二）排污许可证有效期届满未申请延续或者延续申请未经批准排放污染物；

（三）被依法撤销、注销、吊销排污许可证后排放污染物；

（四）依法应当重新申请取得排污许可证，未重新申请取得排污许可证排放污染物。

第三十四条　违反本条例规定，排污单位有下列行为之一的，由生态环境主管部门责令改正或者限制生产、停产整治，处 20 万元以上 100 万元以下的罚款；情节严重的，吊销排污许可证，报经有批准权的人民政府批准，责令停业、关闭：

（一）超过许可排放浓度、许可排放量排放污染物；

（二）通过暗管、渗井、渗坑、灌注或者篡改、伪造监测数据，或者不正常运行污染防治设施等逃避监管的方式违法排放污染物。

第三十五条　违反本条例规定，排污单位有下列行为之一的，由生态环境主管部门责令改正，处 5 万元以上 20 万元以下的罚款；情节严重的，处 20 万元以上 100 万元以下的罚款，责令限制生产、停产整治：

（一）未按照排污许可证规定控制大气污染物无组织排放；

（二）特殊时段未按照排污许可证规定停止或者限制排放污染物。

第三十六条　违反本条例规定，排污单位有下列行为之一的，由生态环境主管部门责令改正，处 2 万元以上 20 万元以下的罚款；拒不改正的，责令停产整治：

（一）污染物排放口位置或者数量不符合排污许可证规定；

（二）污染物排放方式或者排放去向不符合排污许可证规定；

（三）损毁或者擅自移动、改变污染物排放自动监测设备；

（四）未按照排污许可证规定安装、使用污染物排放自动监测设备并与生态环境主管部门的监控设备联网，或者未保证污染物排放自动监测设备正常运行；

（五）未按照排污许可证规定制定自行监测方案并开展自行监测；

（六）未按照排污许可证规定保存原始监测记录；

（七）未按照排污许可证规定公开或者不如实公开污染物排放信息；

（八）发现污染物排放自动监测设备传输数据异常或者污染物排放超过污染物排放标准等异常情况不报告；

（九）违反法律法规规定的其他控制污染物排放要求的行为。

第三十七条　违反本条例规定，排污单位有下列行为之一的，由生态环境主管部门责令改正，处每次 5 千元以上 2 万元以下的罚款；法律另有规定的，从其规定：

（一）未建立环境管理台账记录制度，或者未按照排污许可证规定记录；

（二）未如实记录主要生产设施及污染防治设施运行情况或者污染物排放浓度、排放量；

（三）未按照排污许可证规定提交排污许可证执行报告；

（四）未如实报告污染物排放行为或者污染物排放浓度、排放量。

第三十八条　排污单位违反本条例规定排放污染物，受到罚款处罚，被责令改正的，生态环境主管部门应当组织复查，发现其继续实施该违法行为或者拒绝、阻挠复查的，依照《中华人民共和国环境保护法》的规定按日连续处罚。

第三十九条　排污单位拒不配合生态环境主管部门监督检查，或者在接受监督检查时弄虚作假的，由生态环境主管部门责令改正，处 2 万元以上 20 万元以下的罚款。

第四十条　排污单位以欺骗、贿赂等不正当手段申请取得排污许可证的，由审批部门依法撤销其排污许可证，处 20 万元以上 50 万元以下的罚款，3 年内不得再次申请排污许可证。

第四十一条　违反本条例规定，伪造、变造、转让排污许可证的，由生态环境主管部门没收相关证件或者吊销排污许可证，处 10 万元以上 30 万元以下的罚款，3 年内不得再次申请排污许可证。

第四十二条　违反本条例规定，接受审批部门委托的排污许可技术机构弄虚作假的，由审批部门解除委托关系，将相关信息记入其信用记录，在全国排污许可证管理信息平台上公布，同时纳入国家有关信用信息系统向社会公布；情节严重的，禁止从事排污许可技术服务。

第四十三条　需要填报排污登记表的企业事业单位和其他生产经营者，未依照本条例规定填报排污信息的，由生态环境主管部门责令改正，可以处 5 万元以下的罚款。

第四十四条　排污单位有下列行为之一，尚不构成犯罪的，除依照本条例规定予以处罚外，对其直接负责的主管人员和其他直接责任人员，依照《中华人民共和国环境保护法》的规定处以拘留：

（一）未取得排污许可证排放污染物，被责令停止排污，拒不执行；

（二）通过暗管、渗井、渗坑、灌注或者篡改、伪造监测数据，或者不正常运行污染防治设施等逃避监管的方式违法排放污染物。

第四十五条　违反本条例规定，构成违反治安管理行为的，依法给予治安管理处罚；构成犯罪的，依法追究刑事责任。

第六章　附则

第四十六条　本条例施行前已经实际排放污染物的排污单位，不符合本条例规定条件的，应当在国务院生态环境主管部门规定的期限内进行整改，达到本条例规定的条件并申请取得排污许可证；逾期未取得排污许可证的，不得继续排放污染物。整改期限内，生态环境主管部门应当向其下达排污限期整改通知书，明确整改内容、整改期限等要求。

第四十七条　排污许可证申请表、环境管理台账记录、排污许可证执行报告等文件的格式和内容要求，以及排污许可证申请与核发技术规范等，由国务院生态环境主管部门制定。

第四十八条　企业事业单位和其他生产经营者涉及国家秘密的，其排污许可、监督管理等应当遵守保密法律法规的规定。

第四十九条　飞机、船舶、机动车、列车等移动污染源的污染物排放管理，依照相关法律法规的规定执行。

第五十条　排污单位应当遵守安全生产规定，按照安全生产管理要求运行和维护污染防治设施，建立安全生产管理制度。

在运行和维护污染防治设施过程中违反安全生产规定，发生安全生产事故的，对负有责任的排污单位依照《中华人民共和国安全生产法》的有关规定予以处罚。

第五十一条　本条例自 2021 年 3 月 1 日起施行。

生态环境部
《企业环境信息依法披露管理办法》

（2021 年 12 月 11 日）

第一章　总则

第一条　为了规范企业环境信息依法披露活动，加强社会监督，根据《中华人民共和国环境保护法》《中华人民共和国清洁生产促进法》《公共企事业单位信息公开规定制定办法》《环境信息依法披露制度改革方案》等相关法律法规和文件，制定本办法。

第二条　本办法适用于企业依法披露环境信息及其监督管理活动。

第三条　生态环境部负责全国环境信息依法披露的组织、指导、监督和管理。

设区的市级以上地方生态环境主管部门负责本行政区域环境信息依法披露的组织实施和监督管理。

第四条　企业是环境信息依法披露的责任主体。

企业应当建立健全环境信息依法披露管理制度，规范工作规程，明确工作职责，建立准确的环境信息管理台账，妥善保存相关原始记录，科学统计归集相关环境信息。

企业披露环境信息所使用的相关数据及表述应当符合环境监测、环境统计等方面的标准和技术规范要求，优先使用符合国家监测规范的污染物监测数据、排污许可证执行报告数据等。

第五条　企业应当依法、及时、真实、准确、完整地披露环境信息，披露的环境信息应当简明清晰、通俗易懂，不得有虚假记载、误导性陈述或者重大遗漏。

第六条　企业披露涉及国家秘密、战略高新技术和重要领域核心关键技术、商业秘密的环境信息，依照有关法律法规的规定执行；涉及重大环境信息披露的，应当按照国家有关规定请示报告。

任何公民、法人或者其他组织不得非法获取企业环境信息，不得非法修改披露的环境信息。

第二章　披露主体

第七条　下列企业应当按照本办法的规定披露环境信息：

（一）重点排污单位；

（二）实施强制性清洁生产审核的企业；

（三）符合本办法第八条规定的上市公司及合并报表范围内的各级子公司（以下简称上市公司）；

（四）符合本办法第八条规定的发行企业债券、公司债券、非金融企业债务融资工具的企业（以下简称发债企业）；

（五）法律法规规定的其他应当披露环境信息的企业。

第八条　上一年度有下列情形之一的上市公司和发债企业，应当按照本办法的规定披露环境信息：

（一）因生态环境违法行为被追究刑事责任的；

（二）因生态环境违法行为被依法处以十万元以上罚款的；

（三）因生态环境违法行为被依法实施按日连续处罚的；

（四）因生态环境违法行为被依法实施限制生产、停产整治的；

（五）因生态环境违法行为被依法吊销生态环境相关许可证件的；

（六）因生态环境违法行为，其法定代表人、主要负责人、直接负责的主管人员或者其他直接责任人员被依法处以行政拘留的。

第九条　设区的市级生态环境主管部门组织制定本行政区域内的环境信息依法披露企业名单（以下简称企业名单）。

设区的市级生态环境主管部门应当于每年 3 月底前确定本年度企业名单，并向社会公布。企业名单公布前应当在政府网站上进行公示，征求公众意见；公示期限不得少于十个工作日。

对企业名单公布后新增的符合纳入企业名单要求的企业，设区的市级生态环境主管部门应当将其纳入下一年度企业名单。

设区的市级生态环境主管部门应当在企业名单公布后十个工作日内报送省级生态环境主管部门。省级生态环境主管部门应当于每年 4 月底前，将本行政区域的企业名单报送生态环境部。

第十条　重点排污单位应当自列入重点排污单位名录之日起，纳入企业名单。

实施强制性清洁生产审核的企业应当自列入强制性清洁生产审核名单后，纳入企业名单，并延续至该企业完成强制性清洁生产审核验收后的第三年。

上市公司、发债企业应当连续三年纳入企业名单；期间再次发生本办法第八条规定情形的，应当自三年期限届满后，再连续三年纳入企业名单。

对同时符合本条规定的两种以上情形的企业，应当按照最长期限纳入企业名单。

第三章　披露内容和时限

第十一条　生态环境部负责制定企业环境信息依法披露格式准则（以下简称准则），并根据生态环境管理需要适时进行调整。

企业应当按照准则编制年度环境信息依法披露报告和临时环境信息依法披露报告，并上传至企业环境信息依法披露系统。

第十二条　企业年度环境信息依法披露报告应当包括以下内容：

（一）企业基本信息，包括企业生产和生态环境保护等方面的基础信息；

（二）企业环境管理信息，包括生态环境行政许可、环境保护税、环境污染责任保险、环保信用评价等方面的信息；

（三）污染物产生、治理与排放信息，包括污染防治设施，污染物排放，有毒有害物质排放，工业固体废物和危险废物产生、贮存、流向、利用、处置，自行监测等方面的信息；

（四）碳排放信息，包括排放量、排放设施等方面的信息；

（五）生态环境应急信息，包括突发环境事件应急预案、重污染天气应急响应等方面的信息；

（六）生态环境违法信息；

（七）本年度临时环境信息依法披露情况；

（八）法律法规规定的其他环境信息。

第十三条　重点排污单位披露年度环境信息时，应当披露本办法第十二条规定的环境信息。

第十四条　实施强制性清洁生产审核的企业披露年度环境信息时，除了披露本办法第十二条规定的环境信息外，还应当披露以下信息：

（一）实施强制性清洁生产审核的原因；

（二）强制性清洁生产审核的实施情况、评估与验收结果。

第十五条 上市公司和发债企业披露年度环境信息时，除了披露本办法第十二条规定的环境信息外，还应当按照以下规定披露相关信息：

（一）上市公司通过发行股票、债券、存托凭证、中期票据、短期融资券、超短期融资券、资产证券化、银行贷款等形式进行融资的，应当披露年度融资形式、金额、投向等信息，以及融资所投项目的应对气候变化、生态环境保护等相关信息；

（二）发债企业通过发行股票、债券、存托凭证、可交换债、中期票据、短期融资券、超短期融资券、资产证券化、银行贷款等形式融资的，应当披露年度融资形式、金额、投向等信息，以及融资所投项目的应对气候变化、生态环境保护等相关信息。

上市公司和发债企业属于强制性清洁生产审核企业的，还应当按照本办法第十四条的规定披露相关环境信息。

第十六条 企业未产生本办法规定的环境信息的，可以不予披露。

第十七条 企业应当自收到相关法律文书之日起五个工作日内，以临时环境信息依法披露报告的形式，披露以下环境信息：

（一）生态环境行政许可准予、变更、延续、撤销等信息；

（二）因生态环境违法行为受到行政处罚的信息；

（三）因生态环境违法行为，其法定代表人、主要负责人、直接负责的主管人员和其他直接责任人员被依法处以行政拘留的信息；

（四）因生态环境违法行为，企业或者其法定代表人、主要负责人、直接负责的主管人员和其他直接责任人员被追究刑事责任的信息；

（五）生态环境损害赔偿及协议信息。

企业发生突发环境事件的，应当依照有关法律法规规定披露相关信息。

第十八条　企业可以根据实际情况对已披露的环境信息进行变更；进行变更的，应当以临时环境信息依法披露报告的形式变更，并说明变更事项和理由。

第十九条　企业应当于每年 3 月 15 日前披露上一年度 1 月 1 日至 12 月 31 日的环境信息。

第二十条　企业在企业名单公布前存在本办法第十七条规定的环境信息的，应当于企业名单公布后十个工作日内以临时环境信息依法披露报告的形式披露本年度企业名单公布前的相关信息。

第四章　监督管理

第二十一条　生态环境部、设区的市级以上地方生态环境主管部门应当依托政府网站等设立企业环境信息依法披露系统，集中公布企业环境信息依法披露内容，供社会公众免费查询，不得向企业收取任何费用。

第二十二条　生态环境主管部门应当加强企业环境信息依法披露系统与全国排污许可证管理信息平台等生态环境相关信息系统的互联互通，充分利用信息化手段避免企业重复填报。

生态环境主管部门应当加强企业环境信息依法披露系统与信用信息共享平台、金融信用信息基础数据库对接，推动环境信息跨部门、跨领域、跨地区互联互通、共享共用，及时将相关环境信息提供给有关部门。

第二十三条　设区的市级生态环境主管部门应当于每年 3 月底前，将上一年度本行政区域环境信息依法披露情况报送省级生态环境主管部门。省级生态环境主管部门应当于每年 4 月底前将相关情况报送生态环境部。

报送的环境信息依法披露情况应当包括以下内容：

（一）企业开展环境信息依法披露的总体情况；

（二）对企业环境信息依法披露的监督检查情况；

（三）其他应当报送的信息。

第二十四条　生态环境主管部门应当会同有关部门加强对企业环境信息依法披露活动的监督检查，及时受理社会公众举报，依法查处企业未按规定披露环境信息的行为。鼓励生态环境主管部门运用大数据分析、人工智能等技术手段开展监督检查。

第二十五条　公民、法人或者其他组织发现企业有违反本办法规定行为的，有权向生态环境主管部门举报。接受举报的生态环境主管部门应当依法进行核实处理，并对举报人的相关信息予以保密，保护举报人的合法权益。

生态环境主管部门应当畅通投诉举报渠道，引导社会公众、新闻媒体等对企业环境信息依法披露进行监督。

第二十六条　设区的市级以上生态环境主管部门应当按照国家有关规定，将环境信息依法披露纳入企业信用管理，作为评价企业信用的重要指标，并将企业违反环境信息依法披露要求的行政处罚信息记入信用记录。

第五章　罚则

第二十七条　法律法规对企业环境信息公开或者披露规定了法律责任的，依照其规定执行。

第二十八条　企业违反本办法规定，不披露环境信息，或者披露的环境信息不真实、不准确的，由设区的市级以上生态环境主管部门责令改正，通报批评，并可以处一万元以上十万元以下的罚款。

第二十九条　企业违反本办法规定，有下列行为之一的，由设区的市级以上生态环境主管部门责令改正，通报批评，并可以处五万元以下的罚款：

（一）披露环境信息不符合准则要求的；

（二）披露环境信息超过规定时限的；

（三）未将环境信息上传至企业环境信息依法披露系统的。

第三十条　设区的市级以上地方生态环境主管部门在企业环境信息依法披露监督管理中有玩忽职守、滥用职权、徇私舞弊行为的，依法依纪对直接负责的主管人员或者其他直接责任人员给予处分。

第六章　附则

第三十一条　事业单位依法披露环境信息的，参照本办法执行。

第三十二条　本办法由生态环境部负责解释。

第三十三条　本办法自 2022 年 2 月 8 日起施行。《企业事业单位环境信息公开办法》（环境保护部令第 31 号）同时废止。

生态环境部
《环境影响评价公众参与办法》

（2018 年 7 月 16 日）

第一条　为规范环境影响评价公众参与，保障公众环境保护知情权、参与权、表达权和监督权，依据《中华人民共和国环境保护法》《中华人民共和国环境影响评价法》《规划环境影响评价条例》《建设项目环境保护管理条例》等法律法规，制定本办法。

第二条　本办法适用于可能造成不良环境影响并直接涉及公众环境权

益的工业、农业、畜牧业、林业、能源、水利、交通、城市建设、旅游、自然资源开发的有关专项规划的环境影响评价公众参与，和依法应当编制环境影响报告书的建设项目的环境影响评价公众参与。

国家规定需要保密的情形除外。

第三条　国家鼓励公众参与环境影响评价。

环境影响评价公众参与遵循依法、有序、公开、便利的原则。

第四条　专项规划编制机关应当在规划草案报送审批前，举行论证会、听证会，或者采取其他形式，征求有关单位、专家和公众对环境影响报告书草案的意见。

第五条　建设单位应当依法听取环境影响评价范围内的公民、法人和其他组织的意见，鼓励建设单位听取环境影响评价范围之外的公民、法人和其他组织的意见。

第六条　专项规划编制机关和建设单位负责组织环境影响报告书编制过程的公众参与，对公众参与的真实性和结果负责。

专项规划编制机关和建设单位可以委托环境影响报告书编制单位或者其他单位承担环境影响评价公众参与的具体工作。

第七条　专项规划环境影响评价的公众参与，本办法未作规定的，依照《中华人民共和国环境影响评价法》《规划环境影响评价条例》的相关规定执行。

第八条　建设项目环境影响评价公众参与相关信息应当依法公开，涉及国家秘密、商业秘密、个人隐私的，依法不得公开。法律法规另有规定的，从其规定。

生态环境主管部门公开建设项目环境影响评价公众参与相关信息，不得危及国家安全、公共安全、经济安全和社会稳定。

第九条　建设单位应当在确定环境影响报告书编制单位后 7 个工作日内，通过其网站、建设项目所在地公共媒体网站或者建设项目所在地相关政府网站（以下统称网络平台），公开下列信息：

（一）建设项目名称、选址选线、建设内容等基本情况，改建、扩建、迁建项目应当说明现有工程及其环境保护情况；

（二）建设单位名称和联系方式；

（三）环境影响报告书编制单位的名称；

（四）公众意见表的网络链接；

（五）提交公众意见表的方式和途径。

在环境影响报告书征求意见稿编制过程中，公众均可向建设单位提出与环境影响评价相关的意见。

公众意见表的内容和格式，由生态环境部制定。

第十条　建设项目环境影响报告书征求意见稿形成后，建设单位应当公开下列信息，征求与该建设项目环境影响有关的意见：

（一）环境影响报告书征求意见稿全文的网络链接及查阅纸质报告书的方式和途径；

（二）征求意见的公众范围；

（三）公众意见表的网络链接；

（四）公众提出意见的方式和途径；

（五）公众提出意见的起止时间。

建设单位征求公众意见的期限不得少于 10 个工作日。

第十一条　依照本办法第十条规定应当公开的信息，建设单位应当通过下列三种方式同步公开：

（一）通过网络平台公开，且持续公开期限不得少于 10 个工作日；

（二）通过建设项目所在地公众易于接触的报纸公开，且在征求意见的 10 个工作日内公开信息不得少于 2 次；

（三）通过在建设项目所在地公众易于知悉的场所张贴公告的方式公开，且持续公开期限不得少于 10 个工作日。

鼓励建设单位通过广播、电视、微信、微博及其他新媒体等多种形式发布本办法第十条规定的信息。

第十二条　建设单位可以通过发放科普资料、张贴科普海报、举办科普讲座或者通过学校、社区、大众传播媒介等途径，向公众宣传与建设项目环境影响有关的科学知识，加强与公众互动。

第十三条　公众可以通过信函、传真、电子邮件或者建设单位提供的其他方式，在规定时间内将填写的公众意见表等提交建设单位，反映与建设项目环境影响有关的意见和建议。

公众提交意见时，应当提供有效的联系方式。鼓励公众采用实名方式提交意见并提供常住地址。

对公众提交的相关个人信息，建设单位不得用于环境影响评价公众参与之外的用途，未经个人信息相关权利人允许不得公开。法律法规另有规定的除外。

第十四条　对环境影响方面公众质疑性意见多的建设项目，建设单位应当按照下列方式组织开展深度公众参与：

（一）公众质疑性意见主要集中在环境影响预测结论、环境保护措施或者环境风险防范措施等方面的，建设单位应当组织召开公众座谈会或者听证会。座谈会或者听证会应当邀请在环境方面可能受建设项目影响的公众代表参加。

（二）公众质疑性意见主要集中在环境影响评价相关专业技术方法、

导则、理论等方面的，建设单位应当组织召开专家论证会。专家论证会应当邀请相关领域专家参加，并邀请在环境方面可能受建设项目影响的公众代表列席。

建设单位可以根据实际需要，向建设项目所在地县级以上地方人民政府报告，并请求县级以上地方人民政府加强对公众参与的协调指导。县级以上生态环境主管部门应当在同级人民政府指导下配合做好相关工作。

第十五条　建设单位决定组织召开公众座谈会、专家论证会的，应当在会议召开的 10 个工作日前，将会议的时间、地点、主题和可以报名的公众范围、报名办法，通过网络平台和在建设项目所在地公众易于知悉的场所张贴公告等方式向社会公告。

建设单位应当综合考虑地域、职业、受教育水平、受建设项目环境影响程度等因素，从报名的公众中选择参加会议或者列席会议的公众代表，并在会议召开的 5 个工作日前通知拟邀请的相关专家，并书面通知被选定的代表。

第十六条　建设单位应当在公众座谈会、专家论证会结束后 5 个工作日内，根据现场记录，整理座谈会纪要或者专家论证结论，并通过网络平台向社会公开座谈会纪要或者专家论证结论。座谈会纪要和专家论证结论应当如实记载各种意见。

第十七条　建设单位组织召开听证会的，可以参考环境保护行政许可听证的有关规定执行。

第十八条　建设单位应当对收到的公众意见进行整理，组织环境影响报告书编制单位或者其他有能力的单位进行专业分析后提出采纳或者不采纳的建议。

建设单位应当综合考虑建设项目情况、环境影响报告书编制单位或者其他有能力的单位的建议、技术经济可行性等因素，采纳与建设项目环境影响有关的合理意见，并组织环境影响报告书编制单位根据采纳的意见修改完善环境影响报告书。

对未采纳的意见，建设单位应当说明理由。未采纳的意见由提供有效联系方式的公众提出的，建设单位应当通过该联系方式，向其说明未采纳的理由。

第十九条　建设单位向生态环境主管部门报批环境影响报告书前，应当组织编写建设项目环境影响评价公众参与说明。公众参与说明应当包括下列主要内容：

（一）公众参与的过程、范围和内容；

（二）公众意见收集整理和归纳分析情况；

（三）公众意见采纳情况，或者未采纳情况、理由及向公众反馈的情况等。

公众参与说明的内容和格式，由生态环境部制定。

第二十条　建设单位向生态环境主管部门报批环境影响报告书前，应当通过网络平台，公开拟报批的环境影响报告书全文和公众参与说明。

第二十一条　建设单位向生态环境主管部门报批环境影响报告书时，应当附具公众参与说明。

第二十二条　生态环境主管部门受理建设项目环境影响报告书后，应当通过其网站或者其他方式向社会公开下列信息：

（一）环境影响报告书全文；

（二）公众参与说明；

（三）公众提出意见的方式和途径。

公开期限不得少于 10 个工作日。

第二十三条 生态环境主管部门对环境影响报告书作出审批决定前，应当通过其网站或者其他方式向社会公开下列信息：

（一）建设项目名称、建设地点；

（二）建设单位名称；

（三）环境影响报告书编制单位名称；

（四）建设项目概况、主要环境影响和环境保护对策与措施；

（五）建设单位开展的公众参与情况；

（六）公众提出意见的方式和途径。

公开期限不得少于 5 个工作日。

生态环境主管部门依照第一款规定公开信息时，应当通过其网站或者其他方式同步告知建设单位和利害关系人享有要求听证的权利。

生态环境主管部门召开听证会的，依照环境保护行政许可听证的有关规定执行。

第二十四条 在生态环境主管部门受理环境影响报告书后和作出审批决定前的信息公开期间，公民、法人和其他组织可以依照规定的方式、途径和期限，提出对建设项目环境影响报告书审批的意见和建议，举报相关违法行为。

生态环境主管部门对收到的举报，应当依照国家有关规定处理。必要时，生态环境主管部门可以通过适当方式向公众反馈意见采纳情况。

第二十五条 生态环境主管部门应当对公众参与说明内容和格式是否符合要求、公众参与程序是否符合本办法的规定进行审查。

经综合考虑收到的公众意见、相关举报及处理情况、公众参与审查结论等，生态环境主管部门发现建设项目未充分征求公众意见的，应当责成建设单位重新征求公众意见，退回环境影响报告书。

第二十六条　生态环境主管部门参考收到的公众意见，依照相关法律法规、标准和技术规范等审批建设项目环境影响报告书。

第二十七条　生态环境主管部门应当自作出建设项目环境影响报告书审批决定之日起 7 个工作日内，通过其网站或者其他方式向社会公告审批决定全文，并依法告知提起行政复议和行政诉讼的权利及期限。

第二十八条　建设单位应当将环境影响报告书编制过程中公众参与的相关原始资料，存档备查。

第二十九条　建设单位违反本办法规定，在组织环境影响报告书编制过程的公众参与时弄虚作假，致使公众参与说明内容严重失实的，由负责审批环境影响报告书的生态环境主管部门将该建设单位及其法定代表人或主要负责人失信信息记入环境信用记录，向社会公开。

第三十条　公众提出的涉及征地拆迁、财产、就业等与建设项目环境影响评价无关的意见或者诉求，不属于建设项目环境影响评价公众参与的内容。公众可以依法另行向其他有关主管部门反映。

第三十一条　对依法批准设立的产业园区内的建设项目，若该产业园区已依法开展了规划环境影响评价公众参与且该建设项目性质、规模等符合经生态环境主管部门组织审查通过的规划环境影响报告书和审查意见，建设单位开展建设项目环境影响评价公众参与时，可以按照以下方式予以简化：

（一）免予开展本办法第九条规定的公开程序，相关应当公开的内容纳入本办法第十条规定的公开内容一并公开；

（二）本办法第十条第二款和第十一条第一款规定的 10 个工作日的期限减为 5 个工作日；

（三）免予采用本办法第十一条第一款第三项规定的张贴公告的方式。

第三十二条 核设施建设项目建造前的环境影响评价公众参与依照本办法有关规定执行。

堆芯热功率300兆瓦以上的反应堆设施和商用乏燃料后处理厂的建设单位应当听取该设施或者后处理厂半径15公里范围内公民、法人和其他组织的意见；其他核设施和铀矿冶设施的建设单位应当根据环境影响评价的具体情况，在一定范围内听取公民、法人和其他组织的意见。

大型核动力厂建设项目的建设单位应当协调相关省级人民政府制定项目建设公众沟通方案，以指导与公众的沟通工作。

第三十三条 土地利用的有关规划和区域、流域、海域的建设、开发利用规划的编制机关，在组织进行规划环境影响评价的过程中，可以参照本办法的有关规定征求公众意见。

第三十四条 本办法自2019年1月1日起施行。《环境影响评价公众参与暂行办法》自本办法施行之日起废止。其他文件中有关环境影响评价公众参与的规定与本办法规定不一致的，适用本办法。

参考文献

［1］ Andersson K P, Ostrom E. Analyzing Decentralized Resource Regimes from a Polycentric Perspective ［J］. Policy Sciences, 2008 （1）: 71~93.

［2］ Ansell C, Gash A. Collaborative Governance in Theory and Practice ［J］. Journal of Public Administration Research & Theory, 2008, 3 （4）: 543~571.

［3］ Arentsen M. Environmental Governance in a Multi-Level Institutional Setting ［J］. Energy & Environment, 2008, 10 （6）: 779~786.

［4］ Baltutis W J, Moore M L. Degrees of Change toward Polycentric Transboundary Water Governance: Exploring the Columbia River and the Lesotho Highlands Water Project ［J］. Ecology and Society, 2019, 1 （2）: 1~16.

［5］ Brower A, Coffey S, Peryman B. Collaborative Environmental Governance Down under, in Theory and in Practice ［J］. Lincoln Planning Review, 2010, 2 （2）: 30.

［6］ Bryson J M, Crosby B C, Stone M M. The Design and Implementation of Cross-Sector Collaborations: Propositions from the Literature ［J］. Public Administration Review, 2006, 3 （1）: 44~55.

［7］ Carson R. Silent Spring ［M］. Boston: Houghton Mifflin, 1962.

［8］ Carter N T, Mol P J. Environmental Governance in China ［J］. East Asia, 2008, 1（4）: 6~7.

［9］ Cisnervs. What Makes Collaborative Water Governance Partnerships Resilient to Policy Change? A Comparative Study of Two Cases in Ecuador ［J］. Ecology and Society, 2019, 10（1）: 2~25.

［10］ Dasgupta P, Hammond P, Maskin E. The Implementation of Social Choice Rules: Some General Results on Incentive Compatibility ［J］. The Review of Economic Studies, 1979, 46（2）: 185~216.

［11］ Davis G, Rhodes R A W. The Craft of Governing ［M］. Allen & Unwin Ltd., 2014.

［12］ Drucker P F. Innovation and Entrepreneurship: Practice and Principles ［J］. Social Science Electronic Publishing, 1985, 4（1）: 85~86.

［13］ Eckerberg K, Joas M. Multi - level Environmental Governance: A Concept under Stress? ［J］. Local Environment, 2004, 10（5）: 405~412.

［14］ Emerson K, Gerlak A. Adaptation in Collaborative Governance Regimes ［J］. Environmental Management, 2015, 6（4）: 768~781.

［15］ Emerson K, Nabatchi T, Balogh S. An Integrative Framework for Collaborative Governance ［J］. Journal of Public Administration Research & Theory, 2011, 9（22）: 1~29.

［16］ Erik N. Networked Governance: China's Changing Approach to Transboundary Environmental Management ［D］. Massachusetts Institute of Technology, 2007.

［17］ Folke C, Fabricius C, Cundill G. Communities, Ecosystems and

Livelihoods [J] . Ecosystems & Human Well, 2005 (1): 262~276.

[18] Forsyth T. Cooperative Environmental Governance and Waste-to-Energy Technologies in Asia [J] . International Journal of Technology Management & Sustainable Development, 2006, 6 (5): 209~220.

[19] Garcia M M, Hilerman J, Bodin R. Collaboration and Conflict in Complex Water Governance Systems across a Development Gradient: Addressing Common Challenges and Solutions [J] . Ecology and Society, 2019, 10 (3): 2~6.

[20] Gibbard. Manipulation of Voting Schemes: A General Result [J] . Econometrica, 1973, 7 (41): 587~602.

[21] Glasbergen. Managing Environmental Disputer: Network Management as an Alternative [M] . Newtherlands: Kluwer Academic Publishers, 1995.

[22] Groves A C, Griffiths J, Leung F, et al. Plasma Catecholamines in Patients with Serious Postoperative Infection [J] . Annals of Surgery, 1973, 10 (8): 102~107.

[23] Gunningham N. The New Collaborative Environmental Governance: The Localization of Regulation [J] . Journal of Law & Society, 2009, 4 (11): 145~166.

[24] Hamilton. Understanding What Shapes Varying Perceptions of the Procedural Fairness of Transboundary Environmental Decision - Making Processes [J] . Ecology and Society, 2018, 23 (4): 2~11.

[25] Handlin O. Capitalism and Freedom [M] . Chicago: The University of Chicago Press, 1962.

[26] Harris M, Townsend R M. Resource Allocation under Asymmetric In-

formation [J] . The Econometric Society, 1981, 49 (1): 33~64.

[27] Heilmann. After Indonesia's Ratification: The ASEAN Agreement on Transboundary Haze Pollution and Its Effectiveness as a Regional Environmental Governance Tool [J] . Current Southeast Asian Affairs, 2015, 6 (34): 95~121.

[28] Hensengerth O, Lu Y. Emerging Environmental Multi-Level Governance in China? Environmental Protests, Public Participation and Local Institution - Building [J] . Public Policy and Administration, 2018, 9 (2): 121~143.

[29] Hileman J, Lusell M. The Network Structure of Multilevel Water Resources Governance in Central America [J] . Ecology and Society, 2018, 6 (2): 1~21.

[30] Holmstrom L L. Understanding the Rape Victim: A Synthesis of Research Findings [M] . Wiley, 1979.

[31] Hurwicz L, Richter M. Revealed Preference without Demand Continuity Assumptions [M] . New York: Harcourtbrace Jovanivic Inc. , 1971.

[32] Hurwicz L. On Informationally Decentralized Systems [M] . Amsterdam: North Holland, 1972.

[33] Hurwicz L. Optimality and Informational Efficiency in Resource Allocation Processes [J] . Mathematical Social Sciences, 1960, 6 (10): 45~89.

[34] Hurwicz L. The Design of Resource Allocation Mechanisms [J] . American Economic Review, 1973, 63 (1): 1~30.

[35] Jessop B. Putting States in Their Place: State Systems and State Theory [J] . Marxism, 1989, 1 (12): 18~37.

[36] Kinna R, et al. The Governance Regime of the Mekong River Basin

[M] . New York: Greenwood Press, 2017: 34~56.

[37] Koebele E A. Linking Policy-Oriented Learning to Policy Change in Collaborative Environmental Governance Processes: The Western Political Science Association Annual Meeting, the Western Political Science Association Annual Meeting [M] . London: Routledge Publisher, 2017: 223~256.

[38] Lawrence T J. Devolution and Collaboration in the Development of Environmental Regulations [D] . The Ohio State University, 2005.

[39] Lee P. Theory and Practice of Transboundary Environmental Governance: The Case Study of Tainan Environment Alliance in Taiwan [J] . Science Innovation, 2016, 9 (3): 127.

[40] Lockwood M, Davidson J, Curtis A, et al. Multi-level Environmental Governance: Lessons from Australian Natural Resource Management [J]. Australian Geographer, 2009, 8 (2): 169~186.

[41] Luehrs N, Jager N, et al. How Participatory Should Environmental Governance Be? Testing the Applicability of the Vroom-Yetton-Jago Model in Public Environmental Decision - Making [J] . Environmental Management, 2018, 9 (1): 249~262.

[42] Marshall G R. Nesting, Subsidiarity, and Community-Based Environmental Governance Beyond the Local Level [J] . International Journal of the Commons, 2008, 1 (2): 75~97.

[43] Maskin E. Nash Equilibrium and Welfare Optimality [J] . Review of Economic Studies, 1977, 10 (66): 23~38.

[44] Mattor K M D. Evolving Institutions of Environmental Governance: The Collaborative Implementation of Stewardship Contracts by the USDA Forest

Service [J]. Dissertations & Theses Gradworks, 2013, 12 (2): 38~60.

[45] May P J, et al. Environmental Management and Governance: Intergovernmental Approach to Hazards and Sustainability [M]. London: Routledge Publisher, 1996.

[46] Mcfadden D. Conditional Logit Analysis of Qualitative Choice Behavior [J]. Frontiers in Econometrics, 1974, 12 (1): 1~18.

[47] Meuleman L. Public Management and the Metagovernance of Hierarchies, Networks and Markets: The Feasibility of Designing and Managing Governance Style Combinations [J]. Acta Politica, 2009, 15 (1): 1~9.

[48] Musavengane. An Assessment of the Role of Social Capital in Collaborative Environmental Governance in Tribal Communities: The Study of Gumbi and Zondi Communities in Kwazulu Natal Province, South Africa [D]. University of Witwatersr and Johannesburg, 2017.

[49] Mushkat E R. Creating Regional Environmental Governance Regimes: Implications of Southeast Asian Responses to Transboundary Haze Pollution [J]. Washington and Lee Journal of Energy, Climate, and the Environment, 2012, 8 (4): 1~59.

[50] Myerson R. Incentive Compatability and the Bargaining Problem [J]. Econometrica, 1979, 11 (47): 61~73.

[51] Myerson R. Multistage Games with Communication [J]. Econometrica, 1986, 3 (54): 323~358.

[52] Myerson R. Optimal Coordination Mechanisms in Generalized Principal-Agent Problems [J]. Journal of Mathematical Economics, 1982, 10 (1): 67~81.

[53] M. Classical Liberalism, Ecological Rationality and the Case for Poly-
centric Environmental Law [J]. Environmental Politics, 2008, 5 (17):
431~448.

[54] Newig J, Fritsch O. Environmental Governance: Participatory, Multi-
Level and Effective? [J]. Environmental Policy & Governance, 2009, 19 (3):
197~214.

[55] Nurhidayah L, Lipman Z, Alam S. Regional Environmental Gover-
nance: An Evaluation of the ASEAN Legal Framework for Addressing Transboundary
Haze Pollution [J]. Australian Journal of Asian Law, 2014, 9 (1): 1~17.

[56] Panikkar B. Transboundary Water Governance in the Kabul River Basin:
Implementing Environmental and Public Diplomacy Between Pakistan and Afghanistan
[R]. Network: Complexity Governance & Networks, 2019, 12 (1): 28~57.

[57] Parkins J R. De-centering Environmental Governance: A Short His-
tory and Analysis of Democratic Processes in the Forest Sector of Alberta, Canada
[J]. Policy Sciences, 2006, 11 (39): 183~203.

[58] Ring P S, Van De Ven A H. Developmental Processes of Cooperative
Interorganizational Relationships [J]. The Academy of Management Review,
1994, 19 (1): 105~124.

[59] Rose A. Distributional Considerations for Transboundary Risk Governance
of Environmental Threats [J]. International Journal of Disaster Risk Science,
2018, 9 (4): 445~453.

[60] Satterthwaite M A. Strategy-proofness and Arrow's Conditions: Exis-
tence and Correspondence Theorems for Voting Procedures and Social Welfare Func-
tions [J]. Journal of Economic Theory, 1975, 10 (2): 187~217.

［61］ Savan B, Gore C, Morgan A J. Shifts in Environmental Governance in Canada: How are Citizen Environment Groups to Respond? ［J］. Environment & Planning C Government & Policy, 2004, 8 (22): 605~619.

［62］ Selten R. A Note on Evolutionarily Stable Strategies in Asymmetric Animal Conflicts ［J］. Journal of Theoretical Biology, 1980, 84 (1): 93~101.

［63］ Shrestha, et al. Flows of Change: Dynamic Water Rights and Water Access in Peri-Urban Kathmandu ［J］. Ecology and Society, 2018, 5 (2): 2~14.

［64］ Sorensen E. Metagovernance: The Changing Role of Politicians in Processes of Democratic Governance of Public Administration ［J］. The American Review of Public Administration, 2006, 36 (1): 98~114.

［65］ Spence D B. The Shadow of the Rational Polluter: Rethinking the Role of Rational Actor Models in Environmental Law ［J］. California Law Review, 2001, 2 (4): 917~998.

［66］ Stohr W B, Edralin J S, Mani D. Decentralization, Governance, and the New Planning for Local-Level Development ［M］. New York: Greenwood Press, 2001.

［67］ Thomson A M, Perry J C. Collaboration Processes: Inside the Black Box ［J］. Public Administration Review, 2006, 2 (1): 1~6.

［68］ Todhunter. Transboundary Environmental Governance across the World's Largest Border ed. by Stephen Brooks and Andrea Olive ［J］. Great Plains Research, 2019, 8 (2): 176~177.

［69］ Vandenbergh M D, Metzger D J. Private Governance Responses to

Climate Change：The Case of Global Civil Aviation ［J］．Fordham Environmental Law Review，2018，10（1）：62~110.

［70］Walters R S，Kenzie E S，et al. A Systems Thinking Approach for Eliciting Mental Models from Visual Boundary Objects in Hydropolitical Contexts：A Case Study from the Pilcomayo River Basin ［J］．Ecology and Society，2019，24（2）：2~22.

［71］Weale A. Environmental Rules and Rule－making in the European Union ［J］．Journal of European Public Policy，1996（4）：594~611.

［72］Widmer A，Herzog L，Moser A，Ingold K. Multilevel Water Quality Management in the International Rhine Catchment Area：How to Establish Social－Ecological Fit Through Collaborative Governance ［J］．Ecology and Society，2019，9（3）：15.

［73］Wood D J，Gray B. Toward a Comprehensive Theory of Collaboration ［J］．Journal of Applied Behavioral Science，1991，11（2）：26~44.

［74］Young O R. Global Environmental Change and International Governance ［J］．Millennium：Journal of International Studies，1990（3）：337~346.

［75］Örjan B，Garry R，Mcallister R R J，et al. Theorizing Benefits and Constraints in Collaborative Environmental Governance：A Transdisciplinary Social－Ecological Network Approach for Empirical Investigations ［J］．Ecology & Society，2016，8（1）：1~18.

［76］保罗·萨缪尔森，威廉·诺德豪斯，等．萨缪尔森谈效率、公平与混合经济 ［M］．北京：商务印书馆，2012.

［77］毕军，俞钦钦，刘蓓蓓．长三角区域环境保护共赢之路探索 ［J］．中国发展，2009，2（1）：65~68.

［78］曹堂哲．政府跨域治理协同分析模型［J］．中共浙江省委党校学报，2015，11（2）：33～39.

［79］柴西龙，孔令辉，海热提·涂尔逊．建设项目环境影响评价公众参与模式研究［J］．中国人口·资源与环境，2005，9（6）：118～121.

［80］陈进，尹正杰．长江流域生态补偿的科学问题与对策［J］．长江科学院院报，2021，38（2）：1～6.

［81］陈力田，朱亚丽，郭磊．多重制度压力下企业绿色创新响应行为动因研究［J］．管理学报，2018，9（3）：33～57.

［82］陈诗一，张云，武英涛．区域雾霾联防联控治理的现实困境与政策优化——雾霾差异化成因视角下的方案改进［J］．中共中央党校学报，2018，22（6）：109～118.

［83］初钊鹏，卞晨，刘昌新，等．基于演化博弈的京津冀雾霾治理环境规制政策研究［J］．中国人口·资源与环境，2018，28（12）：63～75.

［84］崔晶．跨域生态环境协作治理中的集体行动：以祁连山区域生态治理为例［J］．改革，2019，3（1）：132～140.

［85］崔冉冉．PPP模式背景下地方政府投资偏差矫正机制研究［J］．创新科技，2018，18（10）：82～86.

［86］崔野．政府机构改革背景下推进海洋环境治理的四个维度［J］．中共青岛市委党校青岛行政学院学报，2019，7（1）：89～92.

［87］戴胜利，云泽宇．跨域水环境污染"协力—网络"治理模型研究——基于太湖治理经验分析［J］．中国人口·资源与环境，2017，12（2）：145～150.

［88］丁煌，叶汉雄．论跨域治理多元主体间伙伴关系的构建［J］．

南京社会科学，2013，3（1）：63~70.

［89］杜健勋，陈德敏．环境利益分配：环境法学的规范性关怀——环境利益分配与公民社会基础的环境法学辩证［J］．时代法学，2010，8（5）：44~52.

［90］杜健勋，秦鹏．环境利益分配的经济诱因规制研究［J］．重庆大学学报（社会科学版），2012，18（6）：67~91.

［91］杜焱强，王亚星，陆万军．PPP模式下农村环境治理的多元主体何以共生？——基于演化博弈视角的研究［J］．华中农业大学学报（社会科学版），2019，7（6）：89~96.

［92］多丹华，李景山．卡罗尔企业社会责任模型的分析与借鉴［J］．经济师，2012，8（2）：27~28.

［93］樊一士，陆文聪．企业化经营：区域性环境治理新模式［J］．经济论坛，2001，9（22）：26~30.

［94］冯飞鹏，韦琼华．政府产业政策引导与企业研发创新行为研究［J］．沈阳大学学报（社会科学版），2019，21（6）：664~669.

［95］格罗弗·斯塔林．公共部门管理［M］．北京：中国人民大学出版社，2012.

［96］郭建斌，陈富良．地方政府竞争、环境规制与城市群绿色发展［J］．经济问题探索，2021，12（1）：113~123.

［97］郭渐强，杨露．跨域治理模式视角下地方政府环境政策执行困境与出路［J］．吉首大学学报（社会科学版），2019，9（4）：104~113.

［98］郭渐强．跨域环境治理中的地方政府避责行为研究［J］．天津行政学院学报，2019，1（6）：3~9.

［99］郭进，徐盈之．公众参与环境治理的逻辑、路径与效应［J］．

资源科学，2020，34（7）：67~96.

[100] 赫尔曼，王新颖．转轨国家的政府干预、腐败与政府被控——转型国家中企业与政府交易关系研究［J］．经济社会体制比较，2002，12（5）：26~33.

[101] 赫维茨．经济机制设计［M］．上海：格致出版社，2009.

[102] 胡民．基于交易成本理论的排污权交易市场运行机制分析［J］．理论探讨，2006，12（5）：83~85.

[103] 黄德春．澜沧江—湄公河环境利益合作网络主体治理效益评价［J］．亚太经济，2019，3（4）：19~21.

[104] 黄栋，匡立余．利益相关者与城市生态环境的共同治理［J］．中国行政管理，2006，4（8）：48~51.

[105] 黄嵩，倪宣明，张俊超，等．政府引导基金能促进技术创新吗？——基于我国科技型初创企业的实证研究［J］．管理评论，2020，32（3）：110~121.

[106] 黄薇，陈进．跨流域调水水权分配与水市场运行机制初步探讨［J］．长江科学院院报，2006，11（1）：50~52.

[107] 黄贤金．农村土地市场运行机制研究［M］．北京：中国大地出版社，2003.

[108] 黄晓梅．基于环境成本视角的政府对企业履行环境责任的监管［J］．现代商业，2016，26（9）：83~85.

[109] 黄英君．我国农业保险发展的政府诱导机制研究［J］．农业经济问题，2010，31（5）：56~61.

[110] 贾丁斯．环境伦理学［M］．北京：北京大学出版社，2002.

[111] 姜雨峰，田虹．外部压力能促进企业履行环境责任吗？——基

于中国转型经济背景的实证研究 ［J］．上海财经大学学报（哲学社会科学版），2014，16（6）：40～49．

［112］蒋辉．民族地区区域公共物品有效供给研究——以湘鄂渝黔边区为例 ［J］．管理学刊，2012，3（4）：90～95．

［113］金军，侯光明，甘仞初．政府对研究与开发补贴引导企业技术创新的激励机制 ［J］．北京理工大学学报，1999，19（4）：424～428．

［114］金培振．中国环境治理中的多元主体交互影响机制及实证研究 ［D］．湖南大学，2015．

［115］金硕仁．政府经济调控与市场运行机制 ［M］．北京：经济管理出版社，2000．

［116］金漩子．利益相关者影响企业环境行为的实证研究——以湖南省企业为例 ［D］．湖南科技大学，2015．

［117］拉丰，马赫蒂摩．激励理论：委托—代理模型 ［M］．陈志俊，等译．北京：中国人民大学出版社，2002．

［118］莱斯特·赛拉蒙．第三域的兴起 ［M］．上海：复旦大学出版社，1998．

［119］郎友兴．走向共赢的格局：中国环境治理与地方政府跨区域合作 ［J］．中共宁波市委党校学报，2007，1（2）：17～24．

［120］李长宴．全球化治理：地方政府跨区域合作分析 ［J］．研考双月刊，2004，7（5）：55～65．

［121］李健．"卡罗尔结构"与 CSR 评价指标体系的构建 ［J］．统计与决策，2010（24）：51～53．

［122］李利华．我国流域生态补偿机制的成效、问题与对策 ［J］．财政科学，2020，60（12）：145～148．

［123］李瑞昌．理顺我国环境治理网络的府际关系［J］．广东行政学院学报，2008，2（6）：28～32.

［124］李胜，卢俊．从"碎片化"困境看跨域性突发环境事件治理的目标取向［J］．经济地理，2018，2（11）：191～195.

［125］李霜，聂鑫，张安录．基于生态系统服务评估的农地生态补偿机制研究进展［J］．资源科学，2020，42（11）：2251～2260.

［126］李岩．政府失灵及其矫正机制的经济学分析［D］．济南大学，2014.

［127］李轶．河长制的历史沿革、功能变迁与发展保障［J］．环境保护，2017，45（16）：7～10.

［128］李勇．论环境治理体系［J］．安徽农业科学，2007，9（18）：55～47.

［129］梁甜甜．多元环境治理体系中政府和企业的主体定位及其功能——以利益均衡为视角［J］．当代法学，2018，6（5）：89～98.

［130］刘鸿志，刘贤春，周仕凭，等．关于深化河长制制度的思考［J］．环境保护，2016，44（24）：43～46.

［131］刘学之，任怡静，俞海，等．欧盟促进中小企业履行环境责任对我国的启示［J］．环境保护，2014，1（21）：72～74.

［132］刘亚平．区域公共事务的治理逻辑：以清水江治理为例［C］．第二届"21世纪的公共管理：机遇与挑战"国际学术研讨会，中国澳门．2006：105～123.

［133］卢勇，李文川，赵辉．基于企业生命周期的卡罗尔模型改进［J］．商业时代，2008，10（6）：38～40.

［134］马奔．参与式治理：大陆与台湾地区协商民主实践比较研究

[J]．东岳论丛，2011，8（12）：73~76.

[135] 马克思．资本论［M］．北京：人民出版社，2004.

[136] 马晓明，易志斌．网络治理：区域环境污染治理的路径选择［J］．南京社会科学，2009，9（7）：69~72.

[137] 毛新．基于马克思物质变换理论的中国生态环境问题研究［J］．当代经济研究，2012，18（7）：10~15.

[138] 聂辉华．从政企合谋到政企合作——一个初步的动态政企关系分析框架［J］．学术月刊，2020，52（6）：44~56.

[139] 欧阳帆．中国环境跨域治理研究［D］．中国政法大学，2011.

[140] 欧阳志云，郑华，岳平．建立我国生态补偿机制的思路与措施［J］．生态学报，2013，33（3）：1~19.

[141] 任志宏，赵细康．公共治理新模式与环境治理方式的创新［J］．学术研究，2006，1（9）：92~98.

[142] 萨克斯，王小钢．保卫环境：公民诉讼战略［M］．北京：中国政法大学出版社，2011.

[143] 沈洪涛，黄楠．政府、企业与公众：环境共治的经济学分析与机制构建研究［J］．暨南学报（哲学社会科学版），2018，2（1）：18~26.

[144] 司林波，聂晓云，孟卫东．跨域生态环境协同治理困境成因及路径选择［J］．生态经济，2017，3（1）：173~177.

[145] 宋建波，李丹妮．企业环境责任与环境绩效理论研究及实践启示［J］．中国人民大学学报，2013，27（3）：80~86.

[146] 宋妍，张明，陈赛．个体异质性与环境公共物品的私人有效供给［J］．北京理工大学学报（社会科学版），2017，19（6）：18~27.

[147] 陶国根．论社会管理的社会协同机制模型构建［J］．四川行

政学院学报，2008，6（3）：21~25.

[148] 陶国根. 社会资本视域下的生态环境多元协同治理 [J]. 青海社会科学，2016，9（4）：57~63.

[149] 田玉麒. 跨域生态环境协同治理何以可能与何以可为 [J]. 上海行政学院学报，2020，10（2）：95~102.

[150] 万翠英，陈晓永. 跨域性环境治理困局成因及破解思路 [J]. 科学社会主义，2014，2（3）：115~118.

[151] 王帆宇. 我国环境治理模式的新发展：从单维治理到多元共治 [J]. 信阳师范学院学报（哲学社会科学版），2021，41（1）：34~40.

[152] 王建瑞，周夕彬. 环境资源配置中的市场失灵 [J]. 石家庄经济学院学报，2000，11（5）：433~437.

[153] 王金南，宁淼，孙亚梅. 区域大气污染联防联控的理论与方法分析 [J]. 环境与可持续发展，2012，37（5）：5~10.

[154] 王金南. 生态补偿机制与政策设计 [M]. 北京：中国环境科学出版社，2006.

[155] 王俊敏，沈菊琴. 跨域水环境流域政府协同治理：理论框架与实现机制 [J]. 江海学刊，2016，9（5）：214~219.

[156] 王前进，王希群，陆诗雷，等. 生态补偿的政策学理论基础与中国的生态补偿政策 [J]. 林业经济，2019，41（9）：3~15.

[157] 王彤. 结构论争、组织研究与行动分析——政府与社会关系研究述评 [J]. 黑河学院学报，2020，11（9）：60~63.

[158] 王志国，李磊，杨善林，等. 动态博弈下引导企业低碳技术创新的政府低碳规制研究 [J]. 中国管理科学，2016，24（12）：139~147.

[159] 吴椒军，张庆彩. 企业环境责任及其政策法律制度设计 [J].

学术界，2004，11（6）：208~213.

［160］西宝，陈瑜，姜照华. 技术协同治理框架与机制——基于"价值—结构—过程—关系"［J］. 科学学研究，2016，10（11）：1615~1624.

［161］席恒. 公共物品供给机制研究［D］. 西北大学，2003.

［162］向玉琼. 超越理性知识：论环境治理的知识更新［J］. 人文杂志，2020，287（3）：101~108.

［163］肖红军，郑若娟，铉率. 企业社会责任信息披露的资本成本效应［J］. 经济与管理研究，2015，12（3）：138~146.

［164］肖建华，邓集文. 多中心合作治理：环境公共管理的发展方向［J］. 林业经济问题，2007，13（1）：49~53.

［165］肖晓春. 民间环保组织兴起的理论解释——"治理"的角度［J］. 学会，2007，1（1）：14~16.

［166］谢识予. 经济博弈论［M］. 上海：复旦大学出版社，1997.

［167］熊烨. 跨域环境治理：一个"纵向—横向"机制的分析框架——以"河长制"为分析样本［J］. 北京社会科学，2017，8（5）：108~116.

［168］徐宝达，赵树宽. 政府补贴对 R&D 投入的诱导效应和挤出效应［J］. 科技管理研究，2017，12（9）：29~35.

［169］徐衣显. 转型期中国政府经济职能机理矫正与机制创新［D］. 中央民族大学，2006.

［170］许士英. 政府干预与市场运行之间的防火墙［J］. 法治研究，2008，11（5）：3~7.

［171］薛菁. 多元化生态补偿机制中政府与市场关系：演进机理与有效协同［J］. 云南行政学院学报，2021，2（11）：1~7.

［172］薛力，邸浩，郭建鸾．关于企业履行环境责任的成本与收益研究——基于不确定投资组合模型的分析［J］．价格理论与实践，2017，8（11）：68~71．

［173］颜海娜，曾栋．河长制水环境治理创新的困境与反思——基于协同治理的视角［J］．北京行政学院学报，2019，11（2）：7~17．

［174］燕丽，贺晋瑜，汪旭颖，等．区域大气污染联防联控协作机制探讨［J］．环境与可持续发展，2016，41（5）：30~32．

［175］杨华锋．协同治理的行动者结构及其动力机制［J］．学海，2014，6（5）：35~39．

［176］杨立华，张柳．大气污染多元协同治理的比较研究：典型国家的跨案例分析［J］．行政论坛，2016，9（5）：24~30．

［177］杨曼利．自主治理制度与西部生态环境治理［J］．理论导刊，2006，1（4）：55~57．

［178］杨小柳．参与式流域环境治理——以大理洱海流域为例［J］．广西民族大学学报（哲学社会科学版），2008，2（5）：64~69．

［179］杨志军．内涵挖掘与外延拓展：多中心协同治理模式研究［J］．甘肃行政学院学报，2012，2（4）：16~24．

［180］叶大凤，马云丽．农村环境污染协同治理机制探析——以广东M市为例［J］．广西民族大学学报（哲学社会科学版），2018，10（6）：30~36．

［181］易承志．城市居民环境诉求政府回应机制的内在逻辑与优化路径——基于整体性治理的分析框架［J］．南京社会科学，2019，1（8）：64~70．

［182］俞可平．治理与善治［M］．北京：社会科学文献出版社，2000．

［183］郁建兴，任泽涛．当代中国社会建设中的协同治理——一个分析框架［J］．学术月刊，2012，11（8）：25~33.

［184］袁红，李佳．行动者网络视角下突发公共事件的谣言协同治理机制研究［J］．现代情报，2019，6（12）：47~69.

［185］允春喜，上官仕青．整体性治理视角下的跨域环境治理——以小清河流域为例［J］．科学与管理，2015，4（3）：58~64.

［186］曾粤兴，魏思婧．构建公众参与环境治理的"赋权—认同—合作"机制——基于计划行为理论的研究［J］．福建论坛（人文社会科学版），2017，1（10）：169~176.

［187］曾珍香，林雨琛，张钰琦．基于 CAS 视角的供应链环境协同治理研究［J］．中国环境管理，2019，8（6）：82~89.

［188］曾正滋．环境公共治理模式下的"参与—回应"型行政体制［J］．福建行政学院学报，2009，12（5）：24~28.

［189］詹国彬，陈健鹏．走向环境治理的多元共治模式：现实挑战与路径选择［J］．政治学研究，2020，7（2）：65~75.

·［190］詹国辉．跨域水环境、河长制与整体性治理［J］．学习与实践，2018，8（3）：66~74.

［191］张成福，李昊城，边晓慧．跨域治理：模式、机制与困境［J］．中国行政管理，2012，6（3）：102~109.

［192］张锋．环境污染社会第三方治理研究［J］．华中农业大学学报（社会科学版），2020，8（1）：118~168.

［193］张国山，段华洽．市场运行与监督管理［M］．北京：北京工业大学出版社，1996.

［194］张会萍．环境公共物品理论与环境税［J］．中国财经信息资

料：西部论坛，2002，1（2）：13~15.

[195] 张建勤，艾敬. 当前我国环境污染治理低效率的经济学分析 [J]. 当代经济，2019，9（6）：90~93.

[196] 张建政，曾光辉. 人口增长压力下的环境治理途径分析与启示 [J]. 人口学刊，2006，9（6）：21~24.

[197] 张杰. 政府创新补贴对中国企业创新的激励效应——基于 U 型 关系的一个解释 [J]. 经济学动态，2020，9（6）：91~108.

[198] 张琦. 布坎南与公共物品研究新范式 [J]. 经济学动态，2014，11（4）：131~140.

[199] 张亚洲. 基于卡罗尔模型的中国企业社会责任状态研究 [D]. 北京交通大学，2014.

[200] 张增磊. 政府投资基金经济效应及作用路径研究 [D]. 中国 财政科学研究院，2018.

[201] 章晓霞. 环境治理中的公众参与法律制度 [J]. 岭南师范学 院学报，2004，25（1）：109~112.

[202] 章妍珊. 我国政府引导基金的引导效应研究 [D]. 华南理工 大学，2019.

[203] 赵东杰. 浅析环境行政处罚中的自由裁量权 [J]. 法制与社 会，2012，6（12）：67~81.

[204] 郑湘萍，何炎龙. 我国生态补偿机制市场化建设面临的问题及 对策研究 [J]. 广西社会科学，2020，23（4）：66~72.

[205] 郑艺群. 论后现代公共行政下的环境多元治理模式——以复杂 性理论为视角 [J]. 海南大学学报（人文社会科学版），2015，16（2）：65~70.

［206］郑雨尧．抽象市场经济的政府干预模型浅析［J］．经济师，2001，11（9）：68~69.

［207］郑云辰，葛颜祥，接玉梅，等．流域多元化生态补偿分析框架：补偿主体视角［J］．中国人口·资源与环境，2019，29（7）：132~139.

［208］钟世杰，何小民，王绍华，等．金华市中小企业科技创新的政府引导机制研究［J］．改革与开放，2010，10（22）：88~89.

［209］周卫．美国司法实践中的环境利益评价［J］．法学评论，2010，11（3）：34~57.

［210］周伟．生态环境保护与修复的多元主体协同治理——以祁连山为例［J］．甘肃社会科学，2018，11（2）：250~255.

［211］周晓丽．论社会公众参与生态环境治理的问题与对策［J］．中国行政管理，2019，414（12）：150~152.

［212］朱德米．地方政府与企业环境治理合作关系的形成——以太湖流域水污染防治为例［J］．上海行政学院学报，2010，1（1）：56~66.

［213］朱德米．中国水环境治理机制创新探索——河湖长制研究［J］．南京社会科学，2020，2（1）：79~86.

［214］朱留财．现代环境治理：圆明园整治的环境启示［J］．环境保护，2005，3（5）：19~22.

［215］朱锡平．论生态环境治理的特征［J］．生态经济，2002，5（9）：48~50.

［216］朱香娥．"三位一体"的环境治理模式探索——基于市场、公众、政府三方协作的视角［J］．价值工程，2008，9（11）：9~11.

后　记

　　生态环境治理的外部性、复杂性等特征突出存在，占据主导地位的政府需要在环境治理过程中与企业、公众相互配合，但中国语境下多元利益主体共同治理环境的理论研究比较薄弱，尚不足以对生态环境治理提供有力的指导作用。一方面，国内大多数有关环境治理的研究都是以政治学为视角，着眼于中央政府与地方政府的制度安排与权限划分，其中尤以纵向政府关系、横向政府关系研究居多，而生态环境治理中多元利益主体共同治理研究尚处于探索阶段。本书聚焦于现实社会问题，以跨组织域生态环境治理问题为研究对象，以利益关系分析为研究视角，综合环境治理理论和机制设计理论，对中国语境下生态环境多元共治新理念进行机制化表达和解构，并对跨域生态环境多元共治机制的信息有效和激励相容问题进行深入讨论，充实了跨域生态环境治理的相关理论。另一方面，随着我国发展进程的加快，地区间、组织间经济联系日益紧密，对跨域治理的研究逐渐兴起和完善，但在跨域生态环境治理研究中，多是零散和单一的问题式研究，缺乏对环境治理问题的系统性研究和归总，本书致力于探索具有普遍意义的多元共治分析框架，对跨域生态环境治理机制问题进行分析，能够较为深刻地揭示跨域生态环境治理的一般性规律，对于丰富和完善生态环境多元共治理论意义深刻。

党的十九大以后，各级政府对生态环境保护认识逐渐加深，保护力度逐渐加大，举措逐渐落实，推进速度逐渐加快，成效逐渐变好。但当前我国面临的生态环境治理任务仍然很艰巨，特别是跨组织域生态环境治理矛盾仍然未得到较好解决，各个环境利益主体在跨域环境共治的过程中出现了大量沟通不畅、权责不清、互相推诿的问题。面对环境治理中的阻隔，本书以环境共治为切入点，对行政单元之间、组织机构之间开展合作治理、提高生态治理能力、实现协调发展等都具有较强的现实意义，也能为行政单元和组织机构在政治、经济、文化与社会等各个领域形成更加紧密的互动与合作关系提供政策指导，利于优化地区资源的配置，利于推动整个国民经济持续健康发展。另外，跨组织域生态环境多元共治机制方面的研究成果能够进一步充实国家治理体系和能力现代化的研究内容，进而为中央和各地方政府制定新一轮环境政策提供有益参考。

党的二十大报告指出要推进美丽中国建设，坚持山水林田湖草沙一体化保护和系统治理。本书正是基于系统治理的背景，从最现实的理论问题着手，来探讨比较复杂的跨域环境治理问题。本书虽然以经济机制设计理论作为研究的基础，但在具体的研究过程中，并不是推翻原有机制来重新设计机制，而是对当前倡导构建的机制的深度解构和评价，旨在为跨域生态环境多元共治机制的实践做好更为充分的理论支撑。

在本书的撰写过程中，江西财经大学陈富良教授给予了丰富的经验分享和方法指导，江西财经大学朱丽萌教授对书稿进行了审定，宁波财经学院华玉昆博士和江西财经大学帅燕博士为本书的撰写提供了很多有益的资料和支持，江西科技师范大学的王蕾博士和赣南师范大学的叶艳艳博士对书稿提出了很好的修改意见，南昌航空大学的严红副教授在出版过程中给予了莫大帮助，在此特别感谢。